주말에는

아무데나 가야겠다

벨라루나 한뼘여행 시리즈 001

주말에는 이원근 지음

우리가 가고 싶었던
우리나라 오지 마을

아무데나 가야겠다

Belle
Lune

2015년 봄에 이 책을 출간하고 시간이 또 빠르게 흘러, 개정판을 출간한다. 그간 많은 사람들이 궁금해했던 특색 있는 여행지들을 추가로 소개했으며 시간이 흘러 매력이 보다 평범해진 곳은 삭제했다. 변경된 정보들도 보충하며 많은 사람들이 더 즐거운 여행을 다녀올 수 있도록 책을 다듬었다.

이 책에서 소개하는 여행지는 걷는 것을 정말 좋아하는 사람이 아니라면 쉽게 다녀오기 힘든 곳일지도 모르겠다. 솔직하게 말하면 '불편한 여행'이 될 것이다. 그래도 나는 이곳에 대한 어떤 확신을 가지고 있다. 지금까지 우리가 살아왔던 것과는 다른 환경에서 마주하는 것들에 대한 확신이다. 지나다니는 버스가 없고, 가게가 없고, 주변에 건물도 없다. 우거진 숲이 있고, 큰 나무가 자라고, 걸어가야 하는 길이 끝없이 이어지는 대자연에 가까운 곳이다. 그렇지만 그곳에서 사는 사람을 만나고 또다른 나를 찾고 살아가는 것에 대해 다른 시선을 가지며 놀라운 발견을 하게 될 것이다.

여행밖에 몰랐던 나의 아버지와 내가 20년 동안 함께 다닌 곳들을 소개한다. 전국을 내 집 드나드는 것처럼 답사했고, 다녀왔던 여행지를 반복하여 다녀왔고, 다시 많은 여행객을 모시고 함께 떠나곤 했던 곳이다. 아버지와 나는 물론이며 여행객들도 좋아했던 여행지를 선별했다. 단순히 여행지에 대한 객관적인 정보만을 소개해놓지 않았다. 아버지와 마을을 답사하면서 내가 느낀 마을의 것들, 냄새, 맛, 소리 등을 우선으로 하였고 동네 어르신께 전해 들은 이야기, 동네 사람들이 겪은 일 등을 덧붙였다.

나와 10여 년을 함께 여행해준 중앙일보 여행레저 팀장 손민호 기자에게 큰 감사를 드린다. 나의 20대 중반의 시절부터 지금까지 그리고 앞으로도 속깊은 이야기와 쓴소리와 걱정 어린 말들을 나누며 여행관을 세우는 것뿐 아니라 인생의 나침반이 되어주기를 진심으로 소망한다.
그리고 달 출판사 이병률 대표께도 고개 숙여 인사하고 싶다. 여행사 사장 아들로 한량처럼 살았던 부족한 내가 이렇게 책을 통해 나의 여행 이야기를 쓰게 해준 것에 늘 감사하다.

여행사 운영자가 아닌 여행쟁이로 평생을 살고 계시는 우리 아버지 머리맡에 이 책을 말없이 놓아드리고 싶다. 사실 내 책이 아닌 아버지의 또다른 이야기이다. 하늘에 계신 우리 엄마에게도 이 책을 보여주고 싶다. 하나뿐인 남편과 아들이 자신보다 여행을 우선으로 여겼던 10여 년, 항상 묵묵히 내조해주셨는데 외롭게 집에 계시게 해서 새삼 죄송스럽다. 엄마와 함께 여행을 가는 대신 이 책을 엄마 계신 마루공원에 놓아드려야겠다. 귀중한 나의 이야기라고.

마지막으로, 이 책을 읽고 여행을 가고 싶어도 떠날 수 없었던 사람들이 가벼운 마음으로 신발끈을 단단히 묶으면 좋겠다. 나의 짧은 가이드가 그들에게 오랜 시간 선물로 남기를 바란다.

차례

강원도

01

양치재와 굴암리

주소
강원도 정선군 정선읍
광하리, 굴암리

⊙ 다정함을 누리고 싶은 사람들은 인적이 드문 이 길을 좋아할 것이다. 솔 향이 짙게 퍼지는 길을 지나 고개를 넘으면 맑은 동강이 흐르는 길이 있어 산골 마을과 강변 마을까지 두루 둘러볼 수 있다. 지금은 옛길이 되어 다니는 이가 거의 없지만 옛날엔 이 길을 넘지 않고서는 갈 수 없었던 마을이 있었다. 이 길을 걸어보면 저도 모르게 그 옛날 정선의 애틋함과 향기가 느껴질지도 모른다.

한적함을 좋아하고 야생화에 관심이 많다면 이 길을 걸어보기를 권한다. 바위틈 곳곳에 세심히 눈길을 주다보면 동강할미꽃도 만날 수 있다. 세계에서 유일하게 이곳에서만 피는 이 꽃은 딱 열흘만 볼 수 있기 때문에 전국 각지에서 사진가들이 모여든다. 바위틈에서 꼿꼿하고 강인하게 자라는 꽃의 모습에 시선을 빼앗길 수밖에 없다. 한때는 사람들의 손을 많이 타면서 멸종 위기에 처한 적도 있었으므로 우리 모두 그만큼 이 꽃을 아껴야 할 것이다.

추천 일정

11:30	정선 망하리, 아랫동네 도착, 트레킹
	코스 : 망하리 – 양치고개 – 굴암리 (약 1시간 30분)
14:00	굴암리 도착, 점심식사 (부녀회에서 정성껏 만들어주시는 시골 밥상)
15:10	동강할미꽃 군락지, 조양강 산책
16:30	굴암리 출발

가는 길

양치재 영동고속도로 새말나들목에서 국도42호선을 이용하여 정선읍에 다다르기
　　　　전 광석4교에서 우회전하면 광하리로 들어가는 길이 있다.

귤암리 정선 가리왕산에서 동강을 따라 지방국도로 내려가야 한다.

양치재

산책하기에 좋은 이 양치재 길을 짙은 솔 향을 맡으며 걸어보기를 바란다. 이 고갯길은 망하리에서 양치고개를 지나 굴암리로 이어지는 옛 도로였다. 망하와 미탄을 연결하는 고개 비행기재는 길이 좁고 가팔라서 마치 비행기가 이착륙하는 모습과 같다 하여 붙여진 이름이다. 비행기재를 넘으면 망하, 망하에서 굴암리로 가는 고갯길은 양치재이다. 차량이 통제된 옛길이라서 복잡하지도 않다. 사람들에게 물어 입구만 잘 찾는다면 산책을 시작하기에 어렵지 않을 것이다. 누구나 힘들이지 않고 쉬엄쉬엄 넘을 수 있다. 2시간이면 충분하다.

굴암리

병방산과 나팔봉 절벽이 동강을 따라 마치 병풍처럼 마을을 둘러싸고 있다. 이렇게 그림 같은 풍경을 가진 마을로는 상굴화, 하굴화, 동무지, 의암 등이 있다. '굴화'는 옛날 봄철이면 굴꽃이 만발한다 하여 붙여진 이름이고, '동무지'는 옛날에 선동이 내려와 춤추고 놀던 곳이라 하여 이름 붙여졌다. '의암'은 옛날 무명 장수가 그곳에서 무명보따리를 벗어놓고 쉬다가 일어나려니 바위에 무명짐이 붙어 떨어지지 않기에, 무명을 한 자락 잘라 바위에 걸어놓았더니 떨어졌다고 하여 이름 붙었다. '굴암리'는 '굴화'와 '의암'에서 한 자씩 따서 지어진 이름이다.

야생화는 물론, 봄에는 철쭉, 가을엔 억새를 만날 수 있다. 특별하게 둘러볼 유명 관광지는 없으나 이곳을 여행하는 내내 여행자는 더없이 자유롭다. 조금의 억압과 규제도 없는 여정을 즐길 수 있다.

동강할미꽃과 아리랑

동강할미꽃이 자생하는 귤암리엔 동강이 아닌 조양강이 흐른다. 흔히 조양강을 동강의 상류라고 하기도 한다. 조양강은 아침 조, 볕 양을 써서 아침에 해가 드는 강이라는 뜻이다.

강원도에서는 절벽을 '뻥대'라 말하는데 이 뻥대 사이에서 동강할미꽃이 핀다는 이야기를 들은 적이 있다. 이 꽃은 우리나라에서만 자란다. 가까이 가 유심히 보니 정말 손가락만한 보라색 꽃을 볼 수 있었다. 일반 할미꽃은 고개를 땅으로 숙이고 있는 반면에 동강할미꽃은 고개를 하늘로 향해, 마치 어미가 주는 모이를 기다리는 아기 새 같다. 털로 덮인 열매 덩어리가 할머니의 흰머리 같기 때문에 할미꽃이라 이름 붙은 이 꽃은

우리나라 석회암지대 바위틈에서 자라는 여러
해살이풀이다.

이곳에는 서덕웅 선생님이 총괄하시는 '동강할
미꽃보존회'라는 작은 단체도 있다. 내가 관광
객을 모시고 이 마을에 찾아왔을 때, 처음으로
맞는 단체 여행객이라며 선생님께서는 우리에
게 극진하게 대우해주셨다. 귤암리 부녀회에서
점심식사로 가마솥에 시래깃국을 끓여주셨고,
각자 집에 있는 반찬을 가지고 나와서 상을 차
려주시기까지 했다. 물론 그만큼의 밥값은 드렸

다. 식사를 할 만한 변변한 장소가 없었기에 서
덕웅 선생님의 배려로 비닐하우스에서 밥을 먹
고 있었다. 그런데 할머니 다섯 분이 색동저고
리를 입고 우리의 뒤에 서 계시는 것이 아닌가.
그러더니 자신의 고향을 찾아준 서울 사람들
에게 보답을 하고 싶으시다며 춤과 함께 〈정선
아리랑〉을 불러주셨다.
아리랑이 정선의 할머니들과 너무나도 잘 어울
렸다. 정선과 사람이 세월을 얼마나 함께하면
그렇게 자연스러워지는지 나는 알 수 없었다.

먹거리
정선 곤드레나물밥
싸릿골식당

02

비수구미마을

주소
강원도 화천군
화천읍 동촌2리

연락처
033-442-0145
(장윤일씨 댁)

비수구미마을은 섬 마을이다. 파로호라는 아름다운 호수 가운데에 위치한 비수구미마을은 자연의 숨겨둔 속살과도 같다고 할 수 있다. 배를 타고 호수를 건너가면서 둘러볼 수 있는 마을의 정경은 자연 그 자체이고 한 폭의 그림 같기도 하다. 첩첩산중이라는 말이 이곳을 위한 것이라 해도 과언은 아니겠다.

'비수구미'는 숨길 비, 물 수, 아홉 구, 아름다울 미로 구성된 이름으로, 비경의 호수와 아홉 가지의 아름다움을 간직한 곳이라는 뜻에서 유래했다. 현재 이 오지 마을엔 오직 네 가구만이 살고 있다.

추천 일정

11:30	해산 도착, 비수구미계곡 트레킹 (약 6km, 2시간)
13:30	비수구미마을 도착 (점심식사, 휴식)
15:30	도강 (모터보트 이용)
16:00	수하리 도착
16:30	평화의 댐과 비목광장 관광
17:00	평화의 댐 출발

가는 길

1 서울에서 출발할 경우 한강을 따라 하남 팔당댐에서 두물머리 방향으로 북한강을 따라 대성리까지, 대성리에서 춘천 방향으로 가다 청평댐을 따라간다면 경춘고속도로보다 훨씬 아름다운 길을 통해 갈 수 있다. 일명 '댐 투어'를 할 수 있는 길이다. 남이섬을 지나, 춘천 의암댐과 춘천댐을 지나, 화천읍에서 평화의 댐 방향으로 긴 해산터널을 통과해 해산령을 넘으면 평화의 댐으로 들어가기 전 오른편 옛길로 비수구미마을 이정표가 보인다.

2 걸어갈 때엔 해산령에서 내려 비수구미계곡을 따라서 2시간 정도 걸으면 도착할 수 있다.

3 수하리란 곳에서 모터보트를 이용하여 들어갈 수도 있다. 수하리에 도착하여 마을 사람의 연락처를 묻고, 연락하여 배가 정박할 수 있는 위치를 확인한다. 그곳에 가서 기다리면 마을 사람이 모터보트를 타고 나올 것이다. 뱃삯은 편도 3,000원 정도이다.

4 화천군에서 산소길을 냈다. 산소길을 30분 정도 걸으면 마을로 들어갈 수 있다.

트레킹과 빙어 낚시

비구수미마을의 계곡길은 남녀노소 누구나 쉽게 걸을 수 있어 트레킹 하기에 수월하다. 그리고 파로호가 마을을 둘러싸고 있는 것이 겨울에는 매력적인 특징이 되곤 한다. 왜냐하면 겨울엔 파로호 전체가 얼기 때문이다. 마을을 벗어나 이동하는 것은 불편한 일이 분명한데 이 마을 사람들은 크게 불편해하지 않는다. 대수롭지 않다는 듯 사륜 오토바이 뒤에 의자를 매달고 얼음 위를 달려 이동한다.

그리고 언 파로호에 구멍을 작게 파고, 빙어를 낚는다. 1년은 먹을 만큼 낚을 수 있다. 그 빙어를 볶아먹는 것은 또하나의 별미로, 마을에 찾아오는 손님들에게 내어주기도 한다.

즐길 것
평화의 댐
비목공원
양구 해안마을 펀치볼
두타연
화천 붕어섬
겨울 산천어 축제

화전민이었던 장윤일씨는 화전이 금지된 1970년대에 비수구미마을을 찾았고, 고심 끝에 이 마을에 정착했다. 장윤일씨에게 이 마을은 천국과도 같았다. 터도 햇볕을 받기에 좋았고 산나물도 굉장히 잘 자랐다. 밭을 일구어 산나물과 약초를 키우는 것이 그리 어렵지 않았으며 계곡도 흘러 먹고살기에 좋은 마을이었다고 한다.

이 마을을 찾는 낚시꾼들에게 가장 인기가 있는 건 당연 장윤일씨의 아내, 영순씨의 손맛이 느껴지는 음식이다.

직접 담근 된장, 고추장, 청국장으로 끓인 찌개
와 산나물 반찬만으로도 최고의 식탁이 된다.
그 밥상 때문에 사람들은 매년 비수구미마을
을 찾는다고 하니 소소한 즐거움을 찾고 싶다
면 찾아가길 권한다.

먹거리
김영순표 밥상

03

덕풍마을

→ 영화 〈웰컴 투 동막골〉의 동막골과 같은 마을을 소개하려고 한다. 영화 속 이미지는 물론이며, 에덴동산에서 노니는 기분까지 누릴 수 있는 덕풍마을이다. 아담과 하와가 목욕을 즐겼을 것 같은 폭포가 골을 이루며 마을을 만들고 있다. 영화에서처럼, 전쟁이 나도 전쟁이 났다는 사실조차 모를 정도로 숨어 있는 오지이다. 그렇다고 스산하지만은 않다. 계곡은 아름답고, 저녁 무렵엔 조그만 덕풍산장 굴뚝에서 연기가 올라와 이 마을을 따뜻하게 만든다.

주소
강원도 삼척시 가곡면
풍곡리

연락처
033-572-7378
(덕풍산장)

추천 일정

11:30	석포역 도착, 점심식사
12:00	석포역 출발
12:30	석개재를 넘어 덕풍 옛길 입구 도착
	코스 : 덕풍 옛길 – 덕풍마을 – 용소계곡 – 덕풍계곡 – 풍곡리 (약 4시간)
16:30	풍곡리 주차장 출발

덕풍계곡과 용소골은 트레킹 코스로써 더할 나위 없이 좋은 곳이다. 소나무, 물, 연탄이 많이 나는 곳이어서 예로부터 '삼풍'이라 불렸다. 일제강점기에는 송진을 사용하려고 많은 소나무들을 베었는데 이곳의 소나무를 실어나르기 위해 깔았던 레일이 마을에 있었으나 현재는 일제강점기의 잔재라 하여 철거 작업을 진행중이다.

가는 길

1. 드라이브하며 가는 길

영동고속도로를 타고 강릉에서 동해고속도로를 이용한다. 동해고속도로가 끝나는 지점의 동해에서 국도7호선을 타고 울진 방향으로 간다. 원덕에서 가곡천을 따라 416번 지방도로를 이용한다. 삼풍이라는 곳에서 풍곡리 주차장으로 가면 된다.

2. 태백 방면으로 가는 길

태백 하이원과 카지노가 생기면서 제천에서 태백으로 가는 길이 아주 좋아졌다. 중앙고속도로 제천나들목에서 국도38호선을 이용해 영월 – 태백 방면으로 간다. 이곳은 국도가 고속도로처럼 나 있기 때문에 태백으로 가도 길이 괜찮다. 태백을 지나 도계 방향으로 간다. 통리재에서 427번 지방도로를 타고 신리까지 간다. 신리삼거리에서 416번 지방도로를 타고 풍곡리 주차장으로 가면 된다.

3. 석개재로 가는 길

중앙고속도로 제천나들목에서 국도38호선을 이용해 영월 – 태백 방면으로 간다. 태백에서 봉화 방면으로 국도35호선을 이용한다. 구문소라는 곳을 지나 석포 방면으로 가다보면 육송정이라는 조그만 휴게소가 나오는데 그곳에서 왼쪽으로 간다. 석포역에서 승부마을 쪽이 아닌 삼척 방향으로 임산도로를 따라 올라가면 석개재가 나온다. 석개재에서는 소나무숲길로 트레킹하여 마을로 들어갈 수 있다.

덕풍계곡과 용소계곡

2004년 초겨울, 나는 아버지와 덕풍마을로 답사를 갔다. 정말 먼길을 운전하면서도 전쟁이 나도 모를 정도로 숨어 있는 오지가 있겠나 싶어 솔직히 가는 내내 기대하지 않았다. 풍곡리 주차장에 도착하여 마을로 들어섰다. 반비포장도로를 따라 정말 한참은 차를 몰고 들어가자 정말 깊은 골짜기 안으로 마을이 모습을 드러냈다. 보고도 믿기지 않았다.

마을 안의 덕풍계곡은 말로 표현할 수 없을 정도의 아름다움을 가진 계곡이다. 기암괴석과 오래된 소나무들은 병풍이 되어 한 폭의 수채화를 그려내고 있다. 계곡 진입로를 지나면 소나무, 물, 연탄이 많다는 내삼방이 나온다. 이곳에서 예전 경복궁 대들보인 삼척목이 나왔다는 설이 있을 정도로 좋은 나무들이 많다. 계곡을 따라 마을 입구에 들어서면 몇백 년은 산 것 같은 아주 큰 느티나무 한 그루도 우뚝 서 있다.

용소계곡은 응봉산 자락의 1폭포, 2폭포, 3폭포로 이루어져 있다. 아버지는 주변 사람들에게 동해의 무릉계곡만큼 아름다운 계곡이 삼척에도 있다는 말을 들었다며 이 응봉산 자락의 덕풍계곡을 3년간 답사했다는 기구한 사연도 들려주셨다. 그 당시만 해도 이곳 사람들은 숙박값을 치르는 것보다 생필품을 가저다주는 것을 더 선호했다고 한다.

1폭포까지 걸으며 보았던 계곡에선 내가 태어나서 본 계곡 중 가장 깊고 맑은 물이 흘렀다. 계곡에 흐르는 물의 기운은, 습하고 체온을 떨어뜨리는 것이 아니라 엄마처럼 포근하면서도 강한 남성성을 가지고 있었다.

석개재

2002년, 태풍 루사가 왔을 때 이 마을은 고립되었고 길도 모두 유실되었다고 한다. 복구 작업이 이뤄진 덕에 마을 사람들은 그나마 포장된 도로를 얻을 수 있었고 이외에도 태풍이 오거나 계곡물이 넘칠 때엔 마을 사람들 모두가 석개재라는 고개를 넘어서 외부로 피신했다고 한다.

석개재의 소나무숲길은 아주 인기이다. 따라 걷다보면 소나무도 멋들어지고 길에 솔 향이 퍼지는 것이 좋다. 이곳 사람들에게는 어쩔 수 없이 넘어야 했던 고갯길이지만, 관광객에게는 덕풍마을으로 들어가는 색다른 명소가 되어주고 있다.

먹거리
덕풍산장의 토종닭과
시골 밥상

덕풍산장

덕풍산장에는 이희철씨 가족이 살고 있다. 이
희철씨는 나의 아버지와 잘 알고 지낸 사이였
고, 우리를 아주 반겨줬다. 덕풍산장에서는 내
가 세상에서 제일 좋아하는 시골 밥상을 차
려주셨다. 가마솥 밥에, 콩가루를 넣은 시래깃
국, 생선과 묵은지, 그해 가을에 수확한 배추
와 강원도 막장, 그리고 양미리까지 내어주셨
다. 양미리는 언뜻 꽁치처럼 생겼지만 꽁치와
는 다른 생선이다. 굽는 냄새도 좋고 다른 양

넘이 따로 필요하지 않을 정도로 고소한 맛이 일품이다.

이곳을 생각하면 이희철씨의 어머니께서 가마솥에 불을 때며 무언가를 만들던 모습이 떠오른다. 뭐 하시냐고 여쭤봤더니 칡 원액을 만든다고 하셨다. 가마솥에 칡을 넣고 어머니만의 방법으로 사흘 동안 끓인 칡 원액은 2004년 당시 500ml 병 하나에 20,000원이었다.

손님이 오면 감자와 옥수수도 한 솥 삶아놓으셨다. 평생을 고생한 어머니의 주름진 손과 너무나도 자연스럽게 수건을 머리에 싸맨 모습은 그 깊던 마을의 인심을 조금 더 깊이 느끼게 한다. 마을 계곡의 청량함과 마을 사람들의 구수함을 함께 즐기고 싶은 날엔 이곳 생각이 많이 난다.

04

안반덕마을과
피덕령

➔ 겨울이 되면 안반덕마을엔 눈이 허리 높이까지 쌓이기 때문에 마을 사람들은 강릉으로 내려가야만 한다. 이곳은 겨울 눈꽃 정도가 아니라 말 그대로 설국이 된다. 나뭇가지에 피어 있을 때 예쁜 것이 눈꽃이고, 눈 폭탄을 맞는 마을은 설국이다. 스키어들은 부러 설국을 찾아 스키를 타곤 하는데 그들이 이 마을에서부터 스키를 타고 내려가는 것을 본 적이 있다.

강원도 평창군 도암면 수하리에서 강릉시 왕산면 대기4리를 넘는 고개를 피덕령이라고 하는데, 그 고갯마을이 안반덕마을이다. 이곳은 '1996년 9월 무장공비 침투지역'이기도 하다. 잠수함을 타고 왔던 강릉 안인진항의 공비들이 칠성산을 거쳐 이곳 안반덕마을에서 하루 은거한 후 도주했다고 한다. 간첩 공비들이 도주로로 삼았을 만큼 오지 중의 오지라는 말이겠다.

주소
강원도 강릉시 왕산면
대기4리

추천 일정

11:00	용평 도착 (점심식사)
11:30	용평 출발
12:00	수하리 피골 도착, 트레킹 (약 8km, 2시간 30분)
	코스 : 피골 – 삼거리 – 피덕령 – 안반덕마을 – 피골
15:00	수하리 피골 출발

가는 길

1. 강릉으로 가는 길

영동고속도로를 타고 강릉나들목에서 456번 지방도로를 이용하여 대관령 방면으로 간다. 성산에서 국도35호선을 타고 정선 방면으로 향하고, 왕산교에서 410번 지방도 로를 이용하면 피덕령으로 진입할 수 있는 길이 나온다.

2. 평창으로 가는 길

영동고속도로를 이용하여 횡계나들목에서 용평리조트 방향, 도암댐 방향으로 가면 피덕령으로 들어가는 조그만 이정표가 보인다. 그 길을 따라가면 도착할 수 있다.

설국

안반덕마을은 대관령과 가까이 위치해 있고 대관령 양떼목장, 삼양목장이 있는 초원지대와도 인접해 있다. 고위평탄면인 선자령과 대관령의 초원과 비슷한 지형이다.

'안반'이란 떡을 메칠 때 쓰는 가운데가 오목한 떡판을 말하고 '덕'이란 고원의 평평한 땅을 일컫는다. 고개 정상이 거대한 분화구마냥 가운데가 움푹 들어간 평원이라 이런 이름이 붙었다. 정상에서 내려다본 마을은 마치 젊고 몸매가 미끈한 여성이 옆으로 누워 있는 형태를 가지고 있기도 하다. 비스듬한 경사면에 나무만 드문드문 몇 그루 서 있을 뿐이다.

초여름이면 이 들판엔 눈꽃만큼 환한 감자꽃이 흐드러지게 피어나고, 배추의 청청함이 물결치는 고랭지밭이 된다. 또 한겨울엔 이 채소밭이 흰 눈의 장막을 펼치고 설국을 노래한다. 초여름과 겨울 모두 장관이지만 개인적으로 겨울여행을 추천하고 싶다.

안반덕마을

안반덕마을에 기자와 함께 취재를 간 적이 있다. 그러나 안반덕마을에서 사람을 만나볼 수 없었고, 때문에 취재도 적극적으로 해나갈 수가 없었다. 봄부터 가을까지는 밭농사를 짓기

위해 사람이 살지만 겨울에는 폭설 때문에 사람이 살지 않는다고 한다. 안반덕마을에서 사람을 찾고 찾다가 결국 배가 너무 고파서 수하리로 내려가야 했다. 식당이라곤 근처에 하나밖에 없었다. 산골식당. 이 식당을 운영하는 김금자, 김숙자 자매에게 넌지시 안반덕마을에 대해 물었고 그들은 자신들이 어릴 적 살았던 마을이라고 답했다.

1960년대 박정희 정권은 산속에 흩어져 살던 화전민들을 한데 모으기 시작했다. 그리고 그들에게 고랭지 농사를 권유했다. 안반덕마을에 올라가 땅을 개간하면 집도 지어주고 공짜로 토지도 모자라지 않게 준다는 것이었다. 김씨 자매의 부친은 칠 남매 식솔을 이끌고 그곳에 올라가 지낼 곳을 마련했고, 나무를 뽑고 땅을 갈아 감자와 옥수수 등을 심었으나

농사는 생각만큼 잘되지 않았다. 국가에서 외지 음식과 구호물자를 간혹 헬리콥터로 내려주었으나, 터무니없는 소출에 주위모은 도토리로 끼니를 때워야 했고, 서로 땅을 개간하려다가 싸움도 잦게 일어났고, 뜬소문에는 살인까지 일어났다고 한다.

당시 금자씨는 매지분교로 30리를 걸어다녔고, 취학 연령이 되지 않은 숙자씨도 산골 생활이 심심하여 함께 학교에 다녔다고 한다. 김씨 가족은 몇 년 지나지 않아 힘들게 개간한 안반덕의 땅을 버린 채 내려오고 말았단다. 그 불모지였던 안반덕이 지금은 유명한 고랭지 채소밭으로 짭짤한 수입을 올리고 있다니 아쉽지 않느냐고 물었다.

"아버지도 더이상 버틸 수 없었어요. 계속 있다가는 칠 남매를 굶겨 죽일 판이었는데요."

그들에겐 먹고살기 위해 올랐던 안반덕이 다시 먹고살기 위해 버려야

했던 땅이 되었고, 애틋하면서도 진한 추억으로
남아 있게 되었다.

준비 사항

아이젠 4발 이상이면 트레킹 하는 데에 무난하다.
등산화 발목까지 감싸는 것이어야 하고 고어텍
스, 방수 등의 기능을 갖춰야 한다. 신발 안으로
눈이 들어오는 것을 막기 위한 스패치(발목을
감싸는 각반)도 필요하다.
방풍재킷 겨울바람을 막아야 한다.
등산용 바지

피해야 하는 것

운동화 일반 여행과 달리 눈길 산행에서는 작은 실수가
자칫 큰 사고로 이어지기 때문에 운동화는 금물이다.
면 제품 땀이 쉽게 배고 오랫동안 마르지 않아 저체온
증을 유발한다.

05

덕산기마을

주소
강원도 정선군 정선읍
덕우리

⊙ 강원도 정선의 또다른 오지, 덕산기마을은 아름다운 절벽이 조화롭게 늘어서 있는 마을이다. 맑은 덕산기계곡이 흐르고, 인적이 드물고, 조용하다. 이 계곡에 석회암이 많은 덕분에 물이 옥빛을 낸다. 예능 프로그램 〈1박2일〉의 촬영지로 선정되었던 만큼 아름다운 계곡이 흐르는 마을이다.

여탄리마을에서 시작하는 트레킹도 추천하고 싶다. 하얀 돌 위를 걸을 수 있는 길이 펼쳐지는데 걸으면 걸을수록 어떤 기대를 품게 만든다. 협곡이라도 마주하게 될 것 같고, 조선시대 때 짚신 신고 피리 불던 소년이라도 만날 것 같은 기대감이 생긴다.

그리고 개인적으로 덕산기계곡과 트레킹 코스보다 더 매력적이라고 생각하는 것은 바로 물매화라는 야생화다. 덕산기계곡에 물매화가 군락을 이루고 있어 많은 사진작가들과 여행자들이 모여든다. 고산지대에서 자라는 보기 힘든 꽃이니 발견한다면 눈여겨보기를 바란다. 물매화는 특히 9월 말에 지천이다.

가는 길

1 중앙고속도로를 이용한다. 제천나들목에서 국도38호 선을 타고 태백 방면으로, 정선군 남면으로 향한다. 429번 지방도로를 타고 쇄재터널을 지나 정선읍 쪽 으로 가다보면 이정표를 찾을 수 있다.

2 영동고속도로를 이용한다. 새말나들목에서 국도42 호선을 타고 정선 동해 방면으로, 정선 읍내에서 동 면(화암약수) 방면으로 가다보면 덕우리, 덕산기계곡 이정표를 찾을 수 있다.

3 덕산기계곡으로 가려면 중앙고속도로의 제천나들목 으로 빠져나와 국도38호선을 계속 타고, 남면사거리 에서 정선 방면으로 간다.

연락처
033-562-0744
(민박 물맑은 집)

강원도

뼝대

아버지께선 강원도 정선엔 숨어 있는 관광지가
정말 많다고 하셨다. 한동안은 정선에 심취해서
항상 정선 지도만 보시던 때도 있었다. 그러던
어느 날, 아버지는 내게 뼝대에 대해 알려주셨다.
"뼝대가 뭔지 아니?"
"아니요. 그건 뭔데요?"
"강원도 사투리로 아래에서 위로 본 절벽을 뼝
때라 한다."
그러면서 뼝대가 끝내주는 곳이 있다며 같이
가자고 하셨다. 1999년부터 아버지와 오지로
답사를 다녔지만 단 한 번도 아버지는 내게 운
전대를 넘겨주시지 않으셨다. 그런데 뼝대를 보
러가자고 하시던 그날, 처음으로 내게 운전을
해보라고 하셨다. 그래서 나는 덕우리에서 덕산
기계곡으로 가는 길을 아직도 선명하게 기억하

고 있는지도 모르겠다.

뼁대는 난생처음 보는 정말 희한한 절벽이었다. 절벽이 절벽마다 모두 다른 색을 띠었고, 모양도 자기 멋대로 나 있었다. 유명한 화가가 그 광경을 그린다 해도 더는 아름답지 못할 그야말로 작품이었다. 그렇게 거대한 규모는 아니었지만 티브이에서만 보던 거대한 협곡을 지나는 기분이었다. 어천을 지나 흐르는 덕산기계곡은 또다른 느낌이다. 석회지대의 기암괴석 뒤편에 서 있으면 마치 뼁대의 알몸을 보는 기분이라고나 해야 할까. 색달랐다. 이곳에 와본 사람들은 우리나라에 이런 계곡과 절벽이 있다는 사실만으로도 크게 놀라고 돌아간다. 이 절경을 마주한다면 분명히 극찬을 아끼지 않게 될 것이다.

물매화

물매화라는 이름은, 습기가 많은 곳에서 자라는 이 꽃이 매화를 닮았다는 데서 비롯되었다. 덕산기계곡 주변의 습지에서 만나볼 수 있을 것이다. 물매화는 잎은 바닥에 깔리고 빼꼼히 올라온 줄기 끝으로 꽃 한 송이를 피우는데, 그 때문인지 가만히 보고 있자면 보호해주어야 할 것 같은 기분에 사로잡힌다. 향기 또한 매력적이며 더불어 무리를 지어 꽃을 피우면 더욱 향기가 짙고 아름답다. 꽃잎이 애교 있게 생겼으며 때로는 섬세한 매력으로 사람들을 끌어들인다. 야생화에 관심이 많은 사람이라면 이 꽃을 보기 위해 모든 노력을 아끼지 않을 만큼 물매화는 귀한 꽃이다. 고산지대임에도 불구하고 많은 곤충들을 불러들여 수분한다. 늦여름부터 10월인 가을까지 꽃을 피워낸다. 연약한 겉모습과는 달리 강인한 생명력을 가지고 있다. 꽃말은 청초한 순백의 꽃잎을 대변하고 있다는 듯 고결, 결백, 정조, 충실이다.

06

한치마을

주소
강원도 정선군 화암면 몰운1리
한치마을

⊙ 정선의 길 중 개인적으로 가을에 걷기에 가장 좋아하는 길은 한치마을의 소금강 옛길이다. 누구나 쉽게 걸을 수 있으며, 이 길을 걸을 때면 최고의 풍광을 맞이할 수 있기 때문이다. 특히 단풍의 절경을 즐기고 싶은 자들에게 추천한다. 단풍 여행지로 좋은 곳으로는 남설악 흘림골이나 내장산과 백양사 둘레길도 있으니 발아래로 소금강이 흐르는 것은 물론이며, 억새가 자라고, 등산로 절터에 전나무숲길이 나 있고, 작은 마을까지도 있어 좋은 것들은 물론 많은 것을 함께 즐길 수 있다.

가는 길

1 중앙고속도로를 이용한다. 제천나들목에서 국도38호선을 타고 태백 방면으로, 정
  선군 남면으로 향한다. 429번 지방도로를 타고 쇄재터널을 지나, 화암약수 방면으
  로 향한다. 화암팔경 중 한 곳인 몰운대 바로 아래에 마을이 있다.

2 영동고속도로를 이용한다. 새말나들목에서 국도42호선을 타고 정선 동해 방면으
  로, 정선 읍내에서 동면 방면으로, 화암약수 방면으로 향한다. 화암팔경 중 한 곳
  인 몰운대 바로 아래에 마을이 있다.

소금강 옛길

걷는 것을 좋아하는 사람들에게 이 길은 결코 아쉽지 않은 시간을 선물할 거라 확신한다. 지대가 높은 곳도 간혹 있지만 힘들이지 않고 쉽게 오를 수 있다. 숲길로 들어가는 내내 풍광이 기가 막혀 감탄이 끊이지 않을 것이다.

정선 화암팔경 중 한 곳인 소금강을 발아래로 내려다보며 걸을 때에는 아주 신선한 기분을 느낄 수 있을 것이다. 소금강 협곡도 살짝 보인다. 하늘에는 뭉게구름이 피어나고, 뭉게구름은 산에 그림자를 만들며 사람들이 길을 걸어나가도록 만든다. 중간엔 전망대도 있다. 전망대에 설 때마다 무릉도원에 올라와 있는 것은 아닌가 생각하게 된다. 가을 단풍철에는 조용히 올라서 최고의 절경을 맞이할 수도 있다. 이곳에 단풍이 들면 얼마나 멋진 장관이 펼쳐지는지, 얼마든지 기대해도 좋다.

먹거리
동광식당의 콧등치기국수,
황기족발
싸릿골식당의 곤드레나물밥
화암약수 고향식당의
곤드레나물밥

즐길 것
덕산기계곡
화암약수
민둥산 억새
화암동굴
정선 재래장

이곳에 볕이 드는 시간은 아쉽게도 오전뿐이다. 그 외엔 볕이 들지 않아 길가에 이끼가 무성하다. 설암으로 건너갈 수 있는 나무다리는 밑동이 썩어 언제 부러질지 모른다. 될 수 있으면 그 다리는 건너지 않는 게 안전하다.

화암약수에 가보는 것도 추천한다. 그림과 같은 바위라 하여 '화암'이다. 화암에 드는 돌단풍은 그 어떤 단풍보다도 매력적이다. 화암약수, 금강대, 설암, 신선암, 비선대, 몰운대를 거쳐 걷는 코스를 추천하며 약 8km쯤 되는 길은 2시간이면 충분하다.

올빼미와 뱀

아직까지는 이 마을의 환경과 단풍과 절경 등이 유지되고 보존되고 있어서 다행이다. 이곳에서 나는 난생처음 올빼미를 눈앞에서 보기도 했다. 올빼미가 숲에다 알을 낳았는지 날개를 파닥이며 숲으로 난 길을 걷는 우릴 응시했고, 잠시 다른 곳으로 우리를 유인하는 것 같았다. 우린 길을 가려고 하는데 자기를 따라와야 한다는 듯 울어댔다. 올빼미의 빨간 눈과 나의 눈은 꽤 오래 마주쳤다. 잊히지 않을 정도로 강렬한 눈빛이었다. 올빼미는 물론이며 뱀도 한두 마리도 만나볼 수 있는 길이다.

07

귀네미마을

주소
강원도 태백시 삼수동

➔ 아무 생각도 하지 않고 뛰어놀거나, 썰매를 타거나, 큰 소리로 웃으며 조금의 동심을 얻게 되는 마을이 있다. 그곳은 바로 귀네미마을이다. 어떤 복잡한 생각도 하지 않게 만드는 곳이며, 뛰어놀기엔 너무나도 넓고, 사람들 눈치보며 조심해야 하는 일도 없고, 눈도 많이 내려서 썰매를 다기에도 좋다. 고원의 고랭지 배추밭이 온 마을을 둘러싸고 있어 이국적인 풍광을 선보인다. 겨울에는 눈도 많이 내려 겨울을 제대로 즐길 수 있다.

귀네미마을은 오지라 불리어도 전혀 손색없는 태백의 아주 깊은 골, 마루금 아래에 위치한다. 개불알꽃이 많은 곳으로 알려져 있기도 하다. 예능 프로그램 〈1박2일〉의 촬영지로 알려져서 꽤 많은 사람들이 찾았고, 백두대간을 섭렵하고자 하는 전문 산악인들에게 잘 알려진 곳이다.

가는 길

중앙고속도로를 타고 제천나들목에서 국도38호선을 탄다. 두문동재터널을 지나 태백으로 진입, 국도35호선 삼척 정선 방면으로 향하면 귀네미마을 이정표가 보인다.

고랭지 채소밭

원래 귀네미마을은 마을이 아니었다. 광동댐이 생기면서 수몰되는 숙암리 사람들을 이곳으로 이주시켜 새로 마을을 만들게 한 곳이다. 그 당시에 사람들은 자신의 고향이 수몰된다는 말에 크게 상심했지만 국가의 정책이니 그들로썬 고향을 지켜낼 별다른 방법이 없었다. 이들이 어떠한 조건을 내세워도 정부는 납득하지 않았다. 국가는 끝내 숙암리 사람들에게 덕항산 자락 아래에 집을 지어주고 땅을 주었고, 그리하여 귀네미마을이 오늘날까지 점점 모양을 잡아왔다.

태백의 삼수령에선 우리나라 최초로 고랭지 배추재배에 성공했고 그로 인해 강원도 전역에 고랭지 배추를 심기 시작했다. 삼수령 외에도 강릉 안반덕마을이 있고, 이 귀네미마을이 있다. 마을 전체가 고랭지 채소밭이므로 8월 즈음에 가면 보성차밭보다 아름다운 풍광을 자랑하고 있다. 이 풍광만을 위해 8월 즈음에 가는 것도 좋은 계획이다.

도보 여행으로는 고랭지 채소밭에 나 있는 임산도로를 따라 마을을 한 바퀴 도는 것이 좋다. 완만한 오르막에서 마을 풍광을 볼 수도 있고 전망대에서 조망할 수도 있다. 깔고 앉을 만한 것이 있다면 마을 모든 곳이 자연 슬로프이기 때문에 어디서든 썰매를 탈 수 있다. 8월의 푸른 풍광을 놓쳤다면, 하얀 마을에서 동심을 실컷 즐겨보는 것도 방법이다.

이 마을의 겨울은 길다. 4월까지 내복을 입고 보일러를 켜야 할 정도로 춥기도 하다. 눈이 허리 높이까지 쌓이는 것은 기본이고 많이 내리면 2m 이상 쌓이는 날도 허다하다고 한다. 그렇지만 길이 잘 나 있기 때문에 눈길을 도보하기에는 제격이다.

마을 초입에는 '일출이 아름다운 마을'이라 쓰인 간판이 대문짝만하게 있다. 이 마을에서 보는 일출이 아름다운 것은 부정할 수 없는 사실이다. 마을 가장 높은 곳에서는 동해가 바로 보일 정도로 풍광이 좋다. 시야도 좋고, 바다도 잘 보이니 해돋이를 보기에 제격인 곳이다.

한편 문제는 식사가 불편하다는 단점이 있다. 식당이 없기 때문에 방안을 생각해두어야 한다. 나는 관광객을 모시고 갈 때에 마을부녀회 아주머니들께 점심을 부탁드리곤 했다. 그냥 집에 있는 반찬으로 충분하다고, 혹은 시래깃국 한 그릇이면 충분하다고 미리 부탁의 말씀을 드렸다. 그랬더니 감자와 배추, 강원도 토속장으로 국을 끓여주셨으며, 밥 또한 진하고 맛깔스러웠다. 그 식사에 우리는 정말 만족하고 있었는데 아주머니들은 너무 죄송하다고 연신 그러신다. 뭐가 또 그렇게 죄송한 것이며 얼마나 더 잘해주고 싶으신 것인지. 따뜻한 마음만 있는 곳 같다. 맛을 내기 위해 노력한 음식보다, 예쁜 접시에 놓여 나오는 여느 유명한 관광지 식당의 반찬보다 훨씬 푸짐하고 따뜻한 상을 선물 받았다. 정을 나누고 싶은 마음에서였는지 아주머니들이 재배한 감자, 배추, 나물 등을 사는 사람들도 있었다.

권상철씨 집 앞 버스정류장

귀네미마을을 찾아가는 길에 재미있는 버스정
류장 이름을 볼 수 있었다. '권상철집앞'. 그리
고 몇 년 후 지인과 이곳에 다시 방문했을 때
엔 정류장 명이 '권춘섭집앞'으로 바뀌어 있었
다. 수소문해본 결과 권상철씨가 돌아가시고
그분의 아들인 권춘섭씨가 그 집에 살게 되
어 정류장 이름도 바뀌었다고 한다. 개인의 이
름이 버스정류장 이름에 쓰일 수 있었던 것은
주변을 둘러보면 충분히 납득이 간다. 주변에
있는 것이라고는 이 사람의 집뿐이었다.

먹거리
마을부녀회 아주머니들의 밥상

08

제장마을과
연포마을

➔ 초록을 좋아하는 사람이라면 동강의 물빛을 보러, 주저 말고 떠나야 한다. 정선과 영월을 걸쳐 굽이굽이 흐르는 동강의 자태는 환상적이다. 동강에 비치는 뼝대도 아주 볼만하다. 개인적으로 우리나라에서 가장 아름다운 강이라고 생각한다. 아버지께선 동강을 수없이 답사하셨고 내게 그중 가장 아름다운 곳이 바로 칠족령이라 알려주셨다. 동강 칠족령에 처음 가보았을 때엔 마치 다른 나라에 간 듯했다. 익숙한 강이었지만 아주 낯설게 마주하는 기분이었다. 에메랄드빛보다 더 아름다운 초록색을 띠고 있고, 물이 유유히 흐르는 것을 몸소 느끼게 해주었다.

유명한 관광지가 아니기 때문에 누군가가 크게 만들어놓은 것은 없지만 자연이 만들어놓은 것을 즐기기엔 더없이 좋은 곳이다. 오지 트레커들에게는 최고의 코스로 꼽히고 있다. 동강 중에서도 가장 아름다운 비경을 차지하는 고성리 나루터에서부터 진탄나루까지의 코스를 추천한다.

주소
강원도 정선군 신동읍
덕천리

추천 일정

1 마하리 – 문희마을 – 칠족령 – 제장마을

2 마하리 – 덕천마을 – 소사마을 – 연포마을 – 거북마을 – 절매마을 – 문희마을 – 진탄나루
트레킹 위주로 동강의 손꼽히는 비경만을 따라다니는 코스이며 산악회 사람들이 좋아한다. 하늘벽 구름다리에 가면 발아래로 굽이쳐 흐르는 동강을 볼 수 있다.

가는 길

중앙고속도로를 탄다. 제천나들목에서 국도38호선을 타고 예미교차로에서 좌회전하여 지방도로를 이용한다. 고성분교장에서 제장마을 방향으로 가면 조그만 주차장에 도착할 수 있다.

동강의 물빛

동강의 에메랄드빛 물은 신비롭기까지 해서 자꾸만 보고 싶어진다. 개인 적으로 동강이란 말은 듣는 것만으로도 설렐 정도이다. 동강이 단순히 최고의 비경이기 때문에 설레는 것은 아니다.

동강은 아버지가 처음으로 내게 답사를 시켜주던 곳이었다. 그날 벅차올 랐던 가슴이 여전히 '동강'이라는 말과 함께 다시 상기된다. 바위의 생김 새부터 물의 흐름까지 마치 시간이 멈춘 것 같은 신비함을 가져다주었다. 동강은 아주 큰 거울이 되어 뼝대를 비치고 있다. 물새 두 마리가 오손도 손 놀다가 내 발소리를 듣고 날아갔다. 분명 두 마리였는데 동강 때문에 네 마리가 되어 날아간다. 그것도 아주 선명하게 네 마리가 날아간다. 두 마리는 점점 희미해지더니 사라져버리고 두 마리는 하늘 높이 올라갔다. 동강은 아주 고요했다.

강이 휘돌아나가며 물줄기의 안쪽에는 모래와 돌이 퇴적되어 평평한 모래 사장 같은 곳을 만들고 있다. 백사장 같은 곳인데 그곳에는 꼭 좋아하는 사람과 단둘이 텐트를 가지고 놀러가고 싶다. 거대한 뼝대 아래에서, 동강 이 흐르는 곳에서 밤에 알몸으로 멱을 감고 싶은 곳이다.

많은 사람들이 동강을 영월에 포함시키고 있으나 동강의 대부분은 정선 지역이며 더 멋진 비경을 뽐내고 있는 곳 역시 정선에 포함되어 있다. 아 우라지에서 시작되어 가수리까지 온 조양강이 끝나면서 동강은 시작된 다. 정선 가수리에서 영월 하송리까지의 구간을 동강이라 한다. 개인적으 로 정선읍에 갈 때 시간적 여유가 있다면 꼭 예미교차로에서 고성 쪽으 로 동강을 따라 드라이브 삼아 간다. 우리나라 드라이브 코스 중에 가장 좋은 곳이 아닌가 싶다. 동강의 칠족령에 들른 후에 제장나루, 연포마을, 소사마을에 들러보는 것도 좋다.

칠족령

칠족령은 백운산 자락, 강원도 평창군 미탄면과 정선군 신동읍의 경계에
위치한 고개인데 백운산 자락에 있는 여섯 개의 봉우리 중 하나이다. 차
는 제장마을로 가기 전에 주차장이나 잠수교 앞에 주차하는 게 좋다. 주
차한 후 강변을 따라 걷다가 정희민박집을 지나서 길을 따라가면 조그만
이정표가 보일 것이다. 그 길부터 산길이 시작된다. 깔딱고개를 20여 분
만 올라가면 힘든 곳은 없다. 백운산으로 올라가는 갈림길에서 왼쪽 길
로 빠져야 한다. 그렇게 10여 분을 더 걸으면 칠족령이 나온다. 전망은 역
시나 좋다. 감동 그 자체이다. 동강이 길을 아주 구불구불 훑으며 지나간
다. 칠족령에서만 볼 수 있는 풍광이다.

칠족령을 따라 하늘벽 구름나리 쪽으로 뺑대길 트레킹을 시작하면 좋다. 돌길이기 때문에 발을 헛디디기라도 하면 떨어질 수 있는 위험한 길이니 조심해야 한다. 위험하지만 감동에 또 감동을 받으며 걸을 수 있는 길이기에, 펼쳐지는 풍경이기에 눈과 발이 따로 놀 수밖에 없다. 그러니 한 발 한 발을 조심히 내딛어야 한다. 사소한 부주의가 큰 사고를 가져올 수도 있으니 부디 조심하길 바란다.

백운산으로 올라가는 갈림길에서 길을 따라 내려오면 연포마을이 나온다. 연포마을은 작은 강변 마을인데, 영화 〈선생 김봉두〉의 촬영지로 알려지고 나서 캠핑족들이 많이 찾아온다. 캠핑카 몇 대가 드문드문 자리를 잡고 있다. 〈선생 김봉두〉는 촌의 아이들과 학교도 없을 것 같은 오지의 장면을 그려내야 했기 때문에 이곳이 영화의 촬영지가 되기에 충분했다. 그만큼 깊숙한 곳에 자리해 있다. 연포마을에서 소사마을을 연결하는 다리 쪽으로 가니 '역시 동강이구나' 하고 생각하게 만든다. 물빛이 너무나도 아름답다. 답사를 해야 한다는 생각을 뒤로한 채로 혼자 강변을 따라 한참을 걸었다.

연포마을엔 옛날 뗏목꾼들이 뗏목을 타고 험한 동강을 건너다가 멈춰서 한숨 돌리던 자그마한 주막이 있었다. 이젠 그저 옛날이야기가 되어버렸지만 숨을 돌리고 막걸리 한 사발을 들이키던 사내들을 상상하며 눈을 지그시 감아본다.

래프팅

래프팅은 네다섯 시간에서 하루종일도 탈 수 있다. 주로 문산나루에서 거운리 코스로 타는데, 급류가 있기 때문에 래프팅을 제대로 즐길 수 있다. 보다 안전하게 즐기려면 고성리 나루터에서부터 진탄나루까지의 코스가 좋다.

래프팅은 여름에만 가능하다. 최근에 너무 많은 사람들이 동강을 찾아 자연이 파괴되고 환경문제가 발생하자 환경단체에서 보호지역으로 지정하였다. 하여, 지정된 장소에서만 래프팅을 즐길 수 있다.

즐길 것
백룡동굴
백운산
새비령

먹거리
본가집 곤드레밥
영월 장릉보리밥집
산나물과 토종닭

정선 주막

'야타족'을 기억하는지 모르겠다. 90년대 초중반에 두각되었던 향락문화로, 멋진 자가용으로 지나가는 여성들을 유혹하여 차에 태운 뒤 데이트를 하는 일종의 원나잇 연애를 하는 젊은 사람들을 칭했다. 그런데 그 야타족은 비단 90년대에만 있었던 것은 아니다. 옛날 동강에서부터 있던 일이었다.

정선에서는 임계의 소나무들을 뗏목에 실어 정선의 아우라지에서 한양의 광나루나 마포나루까지 띄워 보냈다. 뗏목이 아우라지를 출발하여 한강에 도착하기까지는 한 달이 걸렸다고 한다. 그렇게 오래 뗏목을 타야 했던 심심한 남정네들을 상대로 강변에 수많은 주막과 기생집이 생겨났다. 마음에 드는 기생이라도 있으면 뗏목에 태워 같이 흥청망청 음주가무를 즐기며 놀았다고 한다.

1867년엔 강 주변에 만여 개 이상의 주막과 기생집이 있었는데 그 이유는 흥선대원군이 임진

왜란 때 불타버린 경복궁을 중건하기 위해 건축에 필요한 목재를 얻고자 하여 그만큼 이 일대에 일이 많아졌기 때문이다. 우리가 흔히 하는 말인 '떼돈 벌었다'의 유래가 바로 '뗏목 돈 벌었다'에서 비롯된 것이다.

많은 사람들은 정선이라 하면 〈정선아리랑〉을 떠올릴 것이다. 〈정선아리랑〉은 지금까지 밝혀진 가사만 1,500수가 넘는다. 그 수많은 기생집의 기생들이 산골에 사는 정선 남정네를 유혹하기 위해서는 〈정선아리랑〉을 불러야 했고 그러다보니 아리랑이 꽃을 피울 수밖에 없던 것이다.

기생집은 현재 전부 사라졌다. 마지막까지 남아 있던 주막의 할머니도 이제 아드님과 함께 농사를 짓는다는 소식을 전해 들었다. 언제 한번 찾아가서 그때 이야기를 들어보고 싶다.

오지 대처법

한번 들어오면 배 없이는 나갈 수도 없는, 근처에 편의시설도 고속도로도 없는 오지인지라 이래저래 당황스러운 상황에 대처할 수 있는 용기와 처세와 각오가 필요하다.

손님들과 강을 따라 걷는 코스로 동강을 찾은 적이 있다. 연포마을에서 문희마을로 가려면 줄배를 타고 세 번을 건너야 했다. 줄배를 세 번 타고 손님들과 함께 그곳에 살고 계신 정무룡씨 집에서 점심을 먹는데, 한 손님이 갑자기 화를 내며 나타났다. 사연을 들어본 즉, 자유시간에 사진을 찍느라 뒤처져서 행렬을 놓치는 바람에 배를 타지 못했던 것이다. 교통수단이라곤 없는 상황에서 그는 젊은 사람들이 래프팅 보트를 얻어 타고 우여곡절 건너왔다고 한다. 그 보트를 얻어 타지 못했더라면 동강에서 미아가 될 뻔했다고 호들갑이었다. 이런 곳에서 이동수단과 교통수단을 이용하는 것은 생각처럼 쉽지 않으니 오지에서 이 정도의 우여곡절은 각오해두어야겠다.

과거 동강의 인기는 피서철 해운대해수욕장이 부럽지 않을 정도였다. 그러나 숙박의 예약 제도가 활성화되어 있지 않아 무조건 가고 보는 식이었다. 연휴 때는 관광객을 거의 꽉 차게 모시고 동강을 찾은 우리 여행사의 사정과는 상관없이 동강 지킴이자 동굴탐험 사진가인 석동일씨가 40명의 손님을 따로 데리고 온 것이었다. 사람은 많은데 잘 곳이 부족한 사태가 벌어졌다. 어쩔 수 없이 나이가 많은 사람들만 숙박시설에 묵고 나머지 사람들은 '알아서' 자기로 했다. 모래사장에 스티로폼을 깔고 눕거나, 깔 것도 덮을 것도 없는 사람들은 파카를 뒤집어써야 했다. 사람들은 이런 상황에도 '저 별은 나의 별' 하며 노래를 부르거나, 술로 밤을 지새우는 등 각양각색의 대처법을 보여주었다.

09

살둔마을

➔ '한국의 티베트'라 불리는 마을이 있다. 강원도 홍천의 살둔마을이다. 방태산 줄기인 숫돌봉이 병풍처럼 이 마을을 감싸고 있다. 사람이 다니지 않는 조용한 숲이 있고 문암골계곡도 흐른다. 누구나 쉽게 걸을 수 있는 길을 자랑한다. 머물고 싶은 100대 산장 중 으뜸으로 손꼽힐 정도로 유명하다.

'3둔 4가리'라 불리는 오지 마을도 있다. 홍천군의 살둔, 월둔, 달둔과 인제군의 아침가리, 적가리, 연가리, 명지가리를 말한다. '둔'은 산기슭에 위치한 펑퍼짐한 땅을 일컫는 말이고, '가리'는 계곡가에 사람이 살 만한 곳을 뜻한다. 과연 사람이 살 수 있을까 싶을 정도로 이곳은 첩첩산중 깊숙이 자리해 있다. 험산으로 둘러싸여 바깥에 노출되지 않는데다가 물이 흐르고 경작 가능한 땅이 있어서 식량을 자급자족할 수 있는 곳이기에 온 세상이 난리가 난다 해도 능히 사람이 살 수 있는 곳이다.

추천 일정

11:00	서석 모둘자리 농원 도착, 산책, 점심식사 (산채비빔밥)
12:00	서석 모둘자리 농원 출발
13:10	율전초등학교 문암분교 도착, 트레킹
	코스 : 문암분교(폐교) – 문암3거리 다리 – 밤밭이계곡 – 살둔마을
	– 살둔초교, 살둔산장 (약 7.7km, 3시간)
16:30	살둔마을 출발

주소
강원도 홍천군 내면

가는 길

서울양양고속도로를 타고 동홍천나들목에서 국도44호
선을 이용한다. 철정검문소에서 국도56호선을 이용하
여 율전삼거리에 도착하면 우회전해서 내면 방향으로
향한다. 창촌삼거리에서 좌회전하고 양양 방향으로 향
하여 원동에서 446번 지방도로를 이용한다. 20분을
가면 살둔산장 안내판이 보인다.

살둔산장

살둔산장은 전통 귀틀집과 일본식 가옥으로 지어졌다. 사찰 건축 양식이 혼합된 2층 구조의 독특한 멋을 지닌 산장이다. 고故 윤두선씨(전 대학산악인연맹 회장)가 백담사에서 기거하다 살둔마을을 우연히 들렀다가 살고 싶은 마음에 산장을 지었다고 알려졌다. 개인석으로 이곳의 다락방에 꼭 한번 머물고 싶다. 나만의 아지트가 될 것만 같은 곳이다. 어릴 적부터 부모님의 간섭을 피해 무언가를 할 수 있는 곳은 다락방뿐이라고 생각해왔다. 아마 많은 이들의 자유이자 로망이 아닐까.

재난을 피하기 위해 들어온 사람들이 자기들만의 세상을 꾸미며 살아왔다고 한다. 맑은 물과 급류로 잘 알려진 내린천 상류에 위치한 살둔마을은 사람이 기대 살기 좋은 곳이라는 뜻도 가지고 있다. 나무들은 빽빽하고 계곡물은 맑고 많다. 살둔산장에 들러보는 것 외에는 문암마을에서 문암골까지의 길을 걸어보는 것을 추천한다.

10

구룡령

주소
강원도 홍천군 내면
명개리

근처의 즐길 것
곰배령
갈천약수
해담마을 농촌 체험
미천골 자연휴양림

➲ 어느 날 잠에서 깨어보니 거인국에 가 있는, 그런 놀라운 기분을 누리고 싶다면 구룡령 옛길을 걸어보길 추천한다. 구룡령 옛길은 홍천과 양양을 연결하는 길이다. 이 옛길을 걷다보면 주변의 나무들이 너무 커서 단번에 거인국에 여행을 온 소인국 사람이 된 느낌을 받을 것이다. 큰 나무들 중에 특히 소나무가 좋다. 경복궁 복원에 이곳 소나무도 사용했다는 말이 있을 정도로 그 크기나 굵기와 높이는 여타의 소나무와는 비교도 안 될 정도로 대단하다.

추천 일정

11:00	샘골 도착, 점심식사 (두부전골)
12:00	구룡령 도착, 트레킹
	코스 : 구룡령 – 백두대간 따라 옛길 삼거리 – 갈천리 (약 3시간 30분)
16:00	갈천리 출발
	(원점으로 회귀하는 일정이 아니므로 자가용을 이용하기는 어렵다. 자가를 가지고
	왔다면 구룡령에 세워두었던 자가를 타기 위해 갈천리에서 택시를 타고 돌아
	가면 된다. 귀경시 조침령터널을 지나 진동리 단풍길을 드라이브를 하는 것도 좋다.)

가는 길

서울양양고속도로를 타고 동홍천나들목에서 국도44호선을 이용한다. 철정검문소에서 국도56호선을 타고 율전삼거리에 도착하면 우회전하여 내면 방향으로 향한다. 창촌삼거리에서 좌회전하여 양양 방향으로 향한다. 양양 경계지점이 구룡령이다.

구룡령

구룡령은 일반 골짜기와 일천 봉우리가 120여 리 구절양장 고갯길을 이룬 곳으로, 마치 아홉 마리의 용이 서린 기상을 보인다고 하여 지어진 이름이다. 길이 막힐 때 넘는, 한계령에 감춰져 있는 고개가 더이상 아니다. 특히 버스 기사들이 싫어할 정도로 아찔하게 높은 고개다. 깊고 높고 구불구불한 길을 될 수 있으면 피하고 싶은 건 당연한 일일 테다. 반면 버스에 타고 있는 승객들 모두를 하나같이 환호하게 만드는 고개이다. 단풍이 아름답고 길이 예뻐서 차를 타고 하늘 위로 올라가는 듯한 기분에 환호하지 않을 수 없는 것이다. 구룡령 정상에서는 오대산과 설악산이 한눈에 보인다.

구룡령 옛길

고갯마루에서 처음의 계단길을 오르면 큰 등산로가 보인다. 그 길을 따라 30여 분을 가면 구룡령 옛길 정상이라는 표지판이 보이고 그 길을 따라 내려가기만 하면 구룡령의 아랫동네 갈천마을로 갈 수 있다. 갈천마을로 내려가는 길은 무난하다. 그리 가파르지 않으며 완만하지도 않다. 5부 능선까지 내려오면 금강송 군락지를 지나게 된다. 금강송의 크기가 다른 지역의 금강송과는 사뭇 다르다는 것은 단번에 알 수 있을 것이다. 카메라도 그 크기를 잡지 못할 정도이며, 그 두께 또한 어마어마하다. 금강송의 육각형 모양의 껍질이 뚜렷한 것을 보면 300년 이상은 살아온 소나무 같다. 갈천약수의 갈천분교로 내려오면 된다.

묘반쟁이

양양의 수령과 홍천의 수령이 두 지역의 경계를 지정하기 위해 내기를 시작했다. 동시에 출발해서 두 수령이 만나는 지점을 홍천과 양양의 경계로 정하자고 약속하였다. 둘은 달리기 시작했고, 그때 양양의 한 청년이 나타나 수령을 업고서 홍천까지 뛰어갔다. 그래서 지금의 구룡령이 그 경계가 되었다고 한다. 청년은 돌아오는 길에 죽고 말았고 그 자리에 무덤이 자리했다. 그곳이 바로 묘반쟁이다.

11

고라데이마을

주소
강원도 횡성군 청일면 봉명리

➔ 고라데이는 강원도 말로 골짜기란 말이다. 즉, 고라데이마을에선 골짜기의 매력을 느낄 수 있음을 짐작할 수 있겠다.

강원도 횡성군 발교산 자락의 고라데이마을을 지나서 봉명리 이끼계곡과 폭포를 만나보기를 추천한다. 여태 이곳에 갔을 때 우리 일행 말고 다른 일행을 본 적이 없을 정도로 사람들에게 잘 알려지지 않은 곳이다. 시원한 계곡도 즐기고 초록의 이끼도 실컷 볼 수 있다.

여러 가지 체험에 참가할 수도 있다. 자연물 공예 체험, 농가 탐방, 밤도깨비와 달빛 걷기, 어항에 고기가 들어간데이, 버섯농장 체험, 웰빙 명상, 화전움막 체험, 심마니 체험 등이 있다. 자세한 것은 횡성 고라데이마을 사이트에서 확인해볼 수 있다.

추천 일정

11:00	횡성 절골 도착
	코스: 봉명리 – 절골 – 이끼폭포 – 봉명리 (약 2시간)
13:00	봉명리 출발
13:40	태기산 인근 식당 도착, 점심식사
	(횡성 더덕구이, 더덕탕수육, 산나물장아찌, 구수한 시골 된장)
14:30	식당 출발
15:00	이효석 생가 도착
	이효석 생가 – 이효석 문학관 – 물레방앗간 – 메밀꽃밭 – 섶다리
	– 봉평장터(충주댁), 시골 장터가 열리는 봉평 읍내
17:00	메밀꽃 축제 주차장 출발

가는 길

서울양양고속도로를 타고 동홍천나들목에서 국도56호선 서석 방면으로 향한다. 서석에서 국도19호선을 이용하고 횡성 방면으로 향한다. 춘당초등학교에서 고라데이마을 방면으로 향하면 고라데이마을 체험관 앞에 도착한다.

이끼폭포

봉명리 발교산에 소재하고 있으며, 폭포의 소리가 봉황이 우는 소리와 같다 하여 이름이 붙었다. 높이는 10m, 3단으로 되어 있으며, 힘차게 흘러내리는 폭포와 계곡, 기암괴석이 장관이다. 계곡을 따라 발교산 정상으로 등산을 할 수 있다.

이끼폭포로 가는 길은 쉽지 않다. 웬만해서는 찾아가지 못할 정도로 깊

은 골짜기와 비포장도로를 걸어야 하기 때문이
다. 비포장도로를 따라 1km 정도 가면 조그마
한, 하지만 하룻밤 꼭 묵고 싶은 예쁜 펜션이
보인다. 그 펜션을 지나면 이끼계곡이 시작되는
지점에 도달할 수 있다. 맑은 계곡물을 보면 당
장이라도 뛰어들어가고 싶을 것이다.

나머지 계곡길은 걷기 어려운 길이 아니라서
더욱 즐거운 마음으로 가볍게 도보를 즐길 수
있다. 숲길을 따라 걷다보면 누군가가 만들어놓
은 의자도 있고 마땅히 쉴 곳도 나타난다. 선명

근처의 즐길 것
횡성 어답산
횡성 갑천 참숯가마
토지문학관

먹거리
횡성 더덕
우천막국수

한 물봉선이 길에 수놓여 있다. 그렇게 또 30여 분 걷다보면 더욱 우렁찬 물소리를 들을 수 있다. 얼마나 큰 폭포가 눈앞에 나타날지 상상하지 못할 정도로 우렁찬 소리이다. 폭포를 보는 순간엔 환호성이 절로 나온다. 쉴새없이 흘러내리는 폭포와 그 주위를 감싸고 있는 초록빛깔 이끼들로 이 계곡이 더욱 빛나고 있는 것 같다.

12

무건리

주소
강원도 삼척시 도계읍
무건리

➔ 오지를 찾아다니는 사람들만 아는 곳이다. 우리나라에서 가장 아름다운 이끼계곡이 있는 곳으로 영화 〈캐리비안의 해적〉에서나 나올 법한 장관을 자랑하고 있다.

계곡으로 오르지 못해도 오지 마을의 공기를 가슴속에 가득 담고, 사람의 손길이 전혀 닿지 않은 폭포를 봤다는 것만으로도 충분한 여행이 되니 소박한 여행이라 할 수 있겠다. 주변에 먹거리와 숙소는 전혀 없다. 먹거리는 준비를 해야 하고 도계나 태백, 삼척 등지를 이용하여 숙박하면 된다.

추천 일정

11:00	태백시 도착 (점심식사)
11:30	태백시 출발
12:30	하고사리 산터 채석 공사장 도착, 트레킹
	코스 : 산터 – 소재말 – 무건리 – 큰말 – 소달초교 무건분교(폐교)
	– 이끼폭포 (약 8km, 3시간 30분)
16:30	하고사리 산터 출발

가는 길

1 내륙으로 질러가는 길

중앙고속도로 제천나들목에서 국도38호선을 타고 태백 방면으로 향하여 태백을
지난다. 삼척 방면으로 향하여 도계를 지나 하고사리 이정표를 보고 소재말 방향
으로 들어가면 된다.

2 해안가로 드라이브하며 가는 길

영동고속도로 강릉분기점에서 동해고속도로를 타고 국도7호선을 탄다. 동해시 국
도38호선을 타고 환선굴 방향으로 향하여 하고사리 이정표를 보고 소재말 방향
으로 들어가면 된다.

용소골

무건리의 사진을 우연히 보고 마음을 완전히 빼앗겼다. 이곳에 꼭 찾아가서 사진을 찍겠다는 마음밖에 없었다. 그곳이 삼척의 무건리의 용소골이란 것을 확인할 수 있었다.

차가운 기운이 가득한 하고사리를 지났고 그곳은 바리케이드로 길이 가로막혀 있었다. 옆에 집이 한 채 있어서 그 집 사람에게 물으니 올라갈 수 있다는 대답을 하며 문을 열어주었다.

처음 40분 정도는 임산도로를 올라가야 한다. 그후에 본격적인 산길이 시작된다. 산중턱의 능선길을 따라가면 옛 마을이 나온다. 그 마을은 큰말이라고 불리는데 그곳에 사람이 살던 흔적이 고스란히 남아 있고 밑으로 내려가면 용소가 나오기도 한다.

폭포 촬영은 삼각대가 기본이다. 무거운 짐을 메고 1시간 30분 정도를 걸으니 힘이 빠질 만큼 빠졌다. 그렇게 기진맥진 만났던 폭포는 정말 대단했다. 우리나라에 이런 폭포가 숨어 있었다는 것이 믿기지 않았다. 홍길

동이 만들려고 했던 율도국이 아니고서는 믿을 수 없는 것이었다. 지친 몸도 잊은 채 정신없이 사진을 찍었고 어느 곳을 찍어도 작품이 나올 만했다. 6월은 나무와 이끼의 초록이 가장 예쁠 시기이니 이때 가보는 것을 권한다.

준비 사항

차로 어디까지 가야 할지도 몰랐다. 무거운 짐 때문에 차를 몰고 최대한 올라갔다. 능선 흙길이 나왔고 그 길로 계속 나아갔다. 그러다가 아주 큰 돌을 만났고 차는 그 돌을 넘지 못했다. 차를 돌릴 만한 길도 없었고 길은 구불구불했고 바로 옆으로는 낭떠러지다.

하는 수 없이 후진하여 차를 빼야 했다. '이 구불구불한 길에서 죽는 건가' 하는 생각까지 들게 했다. 식은땀을 흠뻑 흘리며 후진해야만 했다.

간식은 꼭 챙기되, 짐은 최대한 가볍게 하여 걸어올라야 한다. 마을 입구엔 큰 뽕나무가 있는데 그 열매를 다 따먹어도 허기가 질 판이니 단단히 준비를 해두어야겠다.

13

부곡

주소
강원도 횡성군 강림면 부곡리

먹거리
안흥 찐빵
강림 순댓국

● 부곡계곡과 곧은치계곡은 치악산의 숨은 비경이다. 사람의 발길이 닿지 않아 청정 그 자체이다. 기암괴석과 울창한 숲, 그리고 걷기 쉬운 길 덕분에 봄 여름 가을 겨울 사계절 모두 여행하기 좋다.

산행을 즐기는 사람들에게는 물론 인기이며, 한여름에 계곡을 즐기러 가는 사람들, 가을에 단풍을 보러 가는 사람들이 특히 많다. 산을 넘어 다른 곳으로 갈 수는 없고 원점으로 다시 돌아와야 하는 길이지만 정말 가벼운 마음으로 다녀올 수 있는 여정이다.

추천 일정

10:30	치악산 학곡리 향토 체험장 도착
	학곡리마을 둘러보기
	떡메 치기, 메밀전 부치기
12:00	향토 체험장 출발
12:20	안흥 찐빵집(원조 심순녀 할머니집) 도착, 간식
12:30	안흥 찐빵집 출발
13:00	부곡리 도착
	코스 : 부곡리 – 국립공원 관리사무소 – 제1나무다리 – 제2나무다리
	– 곧은치 (860m) – 부곡리 (약 8.2km, 3시간 30분)
17:00	부곡리 출발
17:10	태종대 도착
17:30	태종대 출발

가는 길

영동고속도로를 타고 새말나들목에서 국도42호선을 이용한다. 안흥 방면으로 향하여 안흥에서 411번 지방도로를 따라 길 끝까지 가면 된다.

수레너미재

어느 날 아버지는 원천석 선생에 대해 들어봤냐고 내게 물었다. 처음 듣는 이름이었고 아버지는 별다른 말씀 없이 답사를 가자고 하셨다. 이른 새벽에 출발하는 것이 아닌 걸로 봐서 서울 인근이구나 싶었으나 도착한 곳은 치악산 자락이었다.

원천석 선생은 조선 태종의 스승이었고 고려의 충신이었다. 조선이 개국하고 나서 불사이군으로 치악산 자락에 있는 부곡의 곧은치 인근에서 은둔하며 살았다 한다.

부곡에 도착하고 우선 수레너미재라는 곳을 찾아갔다. 원천석 선생을 만나기 위해 태종이 직접 수레너미재까지 왔다고 했다. 산을 오르락내리락해야 했다. 수레를 타고 넘었다고 하여 붙여진 이름이고, 매화산과 치악산 골짜기의 고갯길이었다.

노구소

원천석 선생은 어느 노파에게 누가 자기를 찾거든 모른다고 답해달라고 부탁했다. 어느 날 태종이 찾아와 노파에게 원천석 선생이 있는 곳을 물었고 노파는 모른다고 답하였다. 후에 노파는 원천석 선생에 대해 물은 사람이 왕임을 깨달았고 왕에게 거짓말을 한 큰 죄의 무게를 이기지 못하여 노구소에 빠져 목숨을 끊었다는 전설이 있다.

이곳의 모든 지명은 태종과 원천석 선생의 이야기에서 비롯됐다. 부곡은 치악산의 끝자락으로, 길이 끝까지 나 있지 않은 산속의 산이다. 계곡은 깊으며 수려하고, 계곡길은 걷기도 좋다. 옆 사람의 말소리가 들리지 않을 정도로 거대한 계곡이 흐른다. 계곡에서 쉬기에도 아주 편하다. 수많은 단풍나무가 울창한 숲을 이루고 있어 단풍이 드는 때에 이곳은 온통 붉은 빛이 된다.

거리는 약 5.2km이다. 왕복으로 10.4km 정도 되지만 3시간 30분 정도 소요된다. 거리에 비해 짧은 시간은 그만큼 길이 걷기에 편하다는 것을 증명한다. 곧은치까지 올라가는 데는 1시간 40분 정도 소요된다.

김주동씨

곧은치 지킴이라는 별명을 붙여드리고 싶은 김주동씨를 만났다. 여행 도중 정상에서 마주칠 수 있었다.

"오늘만 이곳 곧은치에 두번째 올라왔어요."

"아니 왜 두 번이나 올라오셨어요?"

"살이 너무 찌고 건강이 안 좋아져서 돌을 지고 시간 날 때마다 올라옵니다. 현재 20kg 뺀 겁니다."

"돌을 지고요?"

"거의 매주 올라오는데, 올라왔다 그냥 내려가면 섭섭해서 돌을 하나씩 지고 와 탑을 쌓았지요."

14

설피마을과
강선골마을

주소
강원도 인제군 기린면
진동2리

⊙ 곰배령과 그 주변의 설피마을과 강선마을을 소개하고 싶다. 곰배령에 가본 사람이라면 야생화를 분명히 기억하고 있을 것이다. 야생화는 물론이며 계곡도 좋고 숲도 좋고 걷기도 쉽다. 힐링여행지로 최고라고 말하고 싶을 정도이다. 유명해지고 많은 관광객이 찾아왔지만 관리를 잘해놓아서 얼굴을 찌푸릴 일은 많지 않다. 뿐만 아니라 이곳엔 그네들이 살아왔던 이야기도 있다.

추천 일정

10:30	진동리(설피마을) 입구 삼거리 도착
11:00	진동리 입산통제소에서 입산 허가 수속
	코스 : 통제소 – 강선골 – 곰배령 정상 – 진동리 입구 삼거리
15:30	진동리 삼거리 출발
16:00	현리 고향식당 도착. 점심식사 (두부전골)
	점심식사가 늦어지니 간식을 준비해야 한다.
17:00	현리 출발

가는 길

서울양양고속도로를 타고, 동홍천나들목에서 44번 지방도로를 타고, 인제에서 내린 천 방향으로 향한다. 국도31호선을 타고 현리에서 418번 지방도로를 탄다. 진동2리 곰배령 주차장까지 직진하면 도착할 수 있다.

곰배령으로 가려면 골짜기의 끝이 어디인지 모를 정도로 깊게 들어가야 한다. 기린 면에서 지방도로를 따라 들어가는 데 30분을 넘게 운전해야 한다. 그 골짜기를 따라 들어가면 곰배령 주차장에 도착할 수 있다.

곰배령과 강선골마을

곰배령에 오르기 위해서는 입산 허가를 받아야 한다. 산림청 홈페이지에 들어가서 '휴양·문화·복지 산림생태탐방' 메뉴로 들어가면 곰배령 예약 절차를 밟을 수 있다.

주차장을 지나 입산 허가소에 허가 신청을 확인 후 표찰을 받는다. 곰배 령에 표찰이 없으면 들어가지 못하니 꼭 허가 신청을 해두어야 한다. 모 든 허가작업을 마치고 곰배골로 들어간다.

20여 분 걸어들어가면 강선골마을이 보인다. 그 마을 첫번째 집이 염씨 할아버지 댁이다. 강선골에서 30년 넘게 사셨다고 한다. 나무로 지은 조 그만 집에서 노부부가 살고 계신다. 강선골은 눈으로 뒤덮여 있다. 지붕에 는 눈이 그대로 쌓여 있고 사람이 다니는 길에 쌓인 눈만 치워놓았다.

강선골마을을 지나면 등산로가 시작된다. 강선골마을을 출발하여 한 시 간 정도 오르면 곰배령 정상에 도착할 수 있다. 길은 완만하고 어렵지 않 아 누구나 기분좋게 걸을 수 있다. 곰배령 정상에 올라서면 날씨가 좋고 시야가 맑은 날에는 설악산 대청봉까지 볼 수 있다.

곰배령에 눈이 많이 내리면 멧돼지들이 먹을 것이 없어 마을로 종종 내 려온다고 한다. 염씨 할아버지 댁 주변으로 어린 멧돼지 두 마리가 언제

부턴가 어슬렁거리기 시작했고 그런 어린 멧돼지가 어여뻐 사료를 줬더니 그후 이 멧돼지는 다른 곳으로 가지 않고 계속 찾아온다고 한다. 사람이 길을 지나가다가 멧돼지와 마주쳐 사고가 나진 않을까 걱정되어 창고에 묶어두고 사료를 놓아주며 지내기도 한단다.

야생화 천국인 길을 걷기 위한 것도 있으나 우리는 눈을 보기 위해 곰배령을 오르기로 한다. 겨울의 곰배령을 한 번이라도 마주한 사람이라면 분명히 설국과 설피마을, 겨울 여행을 좋아하게 될 거라 확신한다.
어느 날엔 여기저기 많이 피어 있는 야생화를 보고 사람들이 이 꽃은 뭐예요, 저 꽃은 뭐예요, 자꾸 나에게 물어보는 것이 아닌가. 그날따라 왜 그렇게 많은 꽃들이 피어 있었는지. 난 대답해주지 못해 가이드로서 큰 망신을 당했다. 그 설욕을 씻기 위해 야생화 도감을 세 권 사서 달달 외우며 여행을 준비했다. 아무리 생각해보아도 가이드로서 치욕적인 일이었기에 도감을 자주 들여다보아야 했다. 그리고 2주 후 함께하는 사람들에게 자신 있게 말했다.

"여기에 피어 있는 꽃은 제가 이름부터 특징까지 다 알고 있으니 무엇이든 물어보세요. 모두 알려드리겠습니다."

하지만 도착해보니 전에 보았던 꽃은 대부분 지고 이름 모를 다른 꽃들이 피어 있었다. 꽃이 주마다 지고 새로운 꽃들이 피어난다는 사실을 몰랐던 나는 그날도 제대로 망신을 당할 수밖에 없었다. 그후로 3년 동안 배낭에 야생화 도감을 세 권씩 챙겨다니게 되었다.

설피마을

곰배령은 '야생화의 천국'이라 불린다. 수많은 야생화가 피어나고 봄부터 가을까지 그 야생

화를 보기 위해 수많은 관광객이 몰리고 있다. 그렇지만 야생화가 자라지 않는 겨울에도 곰배령은 곰배령만의 모습을 톡톡히 보여준다. 오히려 곰배령은 겨울에 아름답다고 말하는 사람들도 많을 정도로 겨울이 매력적인 곳이다.

곰배령 아랫마을의 이름은 설피마을이다. 설피 없이는 다니지 못할 정도로 눈이 많이 오는 곳이기에 그렇게 이름 지었다고 한다.

15

늡다리마을

주소
강원도 영월군 하동면 내리

⊙ 오지 중의 오지로, 함부로 들어서기엔 조금 무서운 마을에 탐험심을 가지고 들어가보고 싶은 사람들에게 추천한다. 영월의 계곡을 지나 한참을 걸어들어가면 늡다리마을에 도착할 수 있다.

개인적으로는 아주 무서웠던 곳으로 기억한다. 깊은 계곡 사이로 한 시간 이상을 걸어들어가야 했고 그만큼 인적이 드물었다. 그렇기 때문에 한편으로는 야생 그대로를 즐길 수 있어 신비로운 곳이다. 물이 맑고 공기도 맑으며 별이 쏟아질 듯한 밤하늘을 보고 싶다면 당장 떠나도 좋다. 늡다리마을에서 하룻밤을 보내면 별이 빼곡한 밤하늘은 물론 밤이 깊을수록 계곡 물 소리를 아주 크게 들을 수 있다. 도룡뇽 최대 서식지라는 말이 있을 정도로 자연 그 자체인 곳이다. 온 마음과 정신을 자연에 쏟아부어 보자. 그러지 않으려고 해도 아마 모든 것을 이 마을에 빼앗기고 말 것이다.

추천 일정

11:00	영월 내리계곡 입구 도착
	코스 : 내리계곡 – 미남바위 – 돌고개 – 살짝고개 – 늡다리마을
	– 내리계곡 (약 3시간)
16:00	내리계곡 출발

가는 길

중앙고속도로를 타고 제천나들목에서 국도38호선을 이용한다. 영월 국도88호선을
타고, 내리 외룡초등교 내리분교 인근 천탑사로 가는 길로 들어서서 맞은편으로 향
하면 된다.

늡다리마을

내리계곡에 갔을 때 입구에는 자연휴식년제 실시 안내판이 가로막고 있
었다. 안내판에는 '이 계곡은 사람들의 무분별한 출입으로 인해 자연환경
의 훼손과 오염이 심각해지고 있어 자연휴식년제를 실시하고 있습니다. 내
리골 입구부터 계곡 상류 구간, 2006년 9월 1일부터 2009년 8월 31일까
지 3년간'이라는 문구가 적혀 있었다. 안내판 앞으로는 철조망이 세워져
있었으나 사람이 지나다녔는지 문은 열려 있었다.

아버지가 사전조사를 한 결과 늪다리마을에
남자 한 명이 살고 있다는 것을 알아냈다. 그러
나 출입금지 기간이었기에 우린 망설였다. 정
말 들어가면 안 되는 것인지 한참을 고민했으
나 어떤 이유 아닌 이유와 구실이라도 만들어
서 들어가고 싶었고, 하는 수 없이 그냥 발을
내딛었다. 찬 계곡물에 입수하는 기분으로 내
리계곡을 따라 조심스럽게 들어간 지 몇 분이
지나지 않아 언제 그랬냐는 듯 우리는 즐기기
시작했다.

근처의 즐길 것
고씨동굴
모운동마을
김삿갓묘
칠랑이 계곡

먹거리
산나물

"입산을 금지하는 곳은 다 자연이 좋은 곳이야!"라고 아버지는 신이 나서 말씀하셨다. 계곡물은 많았고, 맑았다. 늡다리마을까지 가는 길은 사람 하나 겨우 걸어갈 폭이었고, 누군가 중간중간 이정표 아닌 이정표를 만들어 나뭇가지에 걸어놓았다. 늡다리마을에 산다는 남자가 만들어놓은 듯했다. 1시간 20분여를 걸었고 드디어 마을이 나타났다.

늡다리마을에 사는 사람

늡다리마을에 도착했을 때 허름한 집 한 채가 보였다. 나는 계곡에 손을 닦으며 잠깐의 휴식과 시원함을 만끽하고 있었고, 아버지는 큰 소리로 계속 "계세요, 거기 안 계세요?" 외쳤다. 그러더니 갑자기 황급히 내게 뛰어오시는 것이 아닌가. 마치 개에게 쫓기는 것마냥 겁에 질려서 뛰어오셨다. 왜 그러냐고 여쭀고 나는 아버지에게 이끌려 허름한 집 앞으로 가보았다.

주인이 나무판대기에 또 글을 써놓은 것이었다. 자세히 기억은 안 나지만 아주 거친 글씨로 '나는 정신병자다. 이 집에 들어오거나 물건을 건드리면……', 또다른 판대기에는 '도둑놈 보거라. 똥꾸멍을 찢어버린다'라는 글이었다.

우린 뒤도 돌아보지 않고 도망치듯 내려왔다. 마을에서 내려와 사람들에게 그 집 사람에 대해 물으니 멀쩡한 사람이라 했다. 다만 산에 오는 사람들이 자꾸 집에 들어와 물건을 훔쳐가서 그런 판을 세워둔 것이라고 한다. 이곳에 혼자 살고 있다는 이 남자가 정말 궁금하지 않을 수 없었다. 그는 김필봉이라는 사람이며 '꿈꾸는 유배지 늪다리'라는 카페 겸 민박집을 운영하고 있었다. 이곳을 아는 사람들은 매년 찾아온다고 한다.

16

모운동 벽화마을

➡️ 아기자기하게 집들이 모여 있고 그 집들이 알록달록 꾸며진 광경을 보고 싶다면 이 마을로 가자. 마을 입구에 들어서자마자 그림 같은 풍경이 펼쳐진다. 강원도 영월 산중턱에 위치한 모운동 벽화마을은 흥망성쇠를 짧은 시간 내에 겪었던 마을로, 폐허가 되어가는 마을을 벽화마을로 만들기까지 주민들의 많은 노력을 모아야 했던 곳이다.

차를 타고 마을로 올라가는 도중엔 '올라가면 뭐가 있긴 있나? 정말 마을이 있다고?' 의심하게 된다. 경사도 아주 가파르기 때문이다. 만약 트레킹을 하고 싶다면 마을을 지나 싸리재부터 시작하는 것이 적당할 것이다. 옛 버스가 다니던 비포장도로를 걷게 될 것이며, 그 주변 소나무가 특히 좋다.

주소
강원도 영월군 김삿갓면
주문리 162

추천 일정

11:30	모운동 벽화마을 도착
	벽화마을 – 이장님 댁의 정원 – 점방(구판장) – 꽃밭길 따라 교회
	– 옛 모운초등학교(펜션)
12:30	점심식사 (이장님 댁 사모님과 동네 분들이 만든 식사)
13:00	모운동 운탄길 트레킹
	모운동 – 옛 싸리재마을 – 만경산사 – 모운초교 예밀
	분교터 – 뒷내 서로목장 – 모운동 (약 9km, 3시간)
16:00	모운동 벽화마을 출발

가는 길

중앙고속도로를 타고 제천나들목에서 국도38호선을 이용한다. 영월 국도88호선을
이용하여 옥동초등학교를 지나고 모운동마을 옥동광업소 방향으로 향하면 된다.

모운동마을

석탄이 주원료인 시절, 이곳에 위치한 옥동광업소는 꽤 큰 규모의 광업소
였다. 망경대산을 기점으로 해서 옥동광업소와 인근에 함태광업소, 한일
탄광이 위치하고 있었다. 그것도 이 산꼭대기에 말이다. 산 정상에 탄광
세 개가 있을 정도였으니 이곳에 큰 마을이 하나 자리할 수 있었던 것이
다. 그 마을이 모운동마을이다. 이장님에게 들기로는 그때 당시 그곳에는

지서도 있었고, 학교도 네 개나 있었을 정도였다고 한다. 탄광에서 일하는 사람들이 전국 각지에서 몰려들었고, 남편만 먼저 와서 일을 하다가 나중에 부인과 자식을 업고 아예 이주해오는 사람도 있다고 했다.

처음 이곳을 찾는 사람들은 이곳까지 오면서 세 번을 놀란다고 한다. 먼저, 너무 멀어서 놀란다. 가도 가도 끝이 없는 그런 길을 지나야 한다. 두 번째로, 차가 산꼭대기까지 올라가서 놀란다. 저녁이 다 되어 이 망경대산 쪽으로 버스가 올라가니 놀랄 수밖에 없겠다. 세번째로, 그 칠흑 같은 어둠을 헤치며 산 정상으로 차가 나아가는 것도 모자라 말도 안 되게 큰 도시가 자리잡고 있어 놀란다.

탄부들이 탄을 캐오면 그 자리에서 현금을 받았다고 한다. 그들은 언제 갱도에서 죽을지 모른다는 생각 때문에 번 돈을 한번에 다 쓸 정도로 씀씀이가 컸다. 그렇기에 없는 게 없을 정도로 큰 장터도 열렸다고 한다. 마치 서부영화의 한 장면 같은 마을이었던 것이다.

하지만 폐광되면서 모두들 떠났고, 현재는 연세 많은 분들만 마을을 지키고 있다. 그렇게 황폐화되어가는 마을을 살리기 위해 이장님(가장 젊은 분인데 환갑이 다 되셨다)은 집의 벽에 그림을 그리기 시작했고, 많은 노력 끝에 벽화마을이 완성되었다.

모운동은 '구름이 모이는 마을'이라는 뜻을 가지고 있다. 이젠 옛날처럼 흥했던 시절과는 달리 조용히 구름만이 모여드는 아름다운 마을이 되었다.

17

대간령 마장터

주소
강원도 인제군 북면 용대리

➔ 마장터는 '대간령 고개가 심하여 말을 잠시 쉬게 하는 동시에 말을 팔았던 장터'에서 나온 말이다. 설악의 오지이다. 속초에서 내륙으로 넘어가던 옛길이다. 사람이 없고, 계곡이 좋으며, 정글의 묘한 기운이 흐른다. 숨을 죽이게 만들고 은산한 기운의 길을 따라가게 만든다. 마장터의 기운은 역시 대단하다.

가는 길

동홍천나들목에서 국도44호선을 타고 인제 방향으로 향한다. 한계리 민예관광단지삼거리에서 국도46호선을 이용하여 속초 방향으로 간다. 미시령터널 방향으로 향하면 용대리 창암에 도착한다.

추천 일정

11:30	인제 용대리 도착, 점심식사
12:00	용대리 출발
12:20	미시령 창암 도착, 생태 여행 트레킹
	코스 : 창암 – 작은새이령 – 마장터 – 창암 (약 3시간)
16:00	미시령 창암 출발

마장터

설악의 마장터는 아직까지 알려지지 않은 비밀의 숲 같은 장소이다. 이곳
은 설악산의 신선봉과 대간령 아래에 있는 작은 교역의 장소였다. 산속에
깊숙이 박혀 있는 옛 장터인 마장터는 미시령이 생기고 진부령이 생기면
서 점차 옛길이 되었다. 예전에는 30여 가구가 넘는 집들이 있었으며 장
돌뱅이들을 상대로 하는 주막과 우시장도 있을 정도였으나 70년대 화전
정리사업 때 길이 통제되면서 완전히 오지가 되었다. 그때부터 사람들의
발길이 닿지 않아 지금은 사람의 흔적이 전혀 없다. 아버지와 처음 답사
를 했을 때에도 이 길엔 사람이 지나다닌 흔적이 전혀 없었다. 창암에서
길을 묻고 물어 개울을 건너 겨우 입구를 찾았고, 길을 따라가면 정말 길
이 나올까 의문스러운 곳이었다.

근처의 즐길 것
내린천
설악산
설악 워터피아

모름지기 산에서 길을 찾을 때 확신이 생기면 걸음이 느려지고, 모르는 길에서는 걸음이 빨라지기 마련인데 아버지의 발걸음엔 여유가 있어 나도 덩달아 여유롭게 걸으며 이곳을 살폈다. 이 숲속엔 정말 장터가 있었으며, 터의 기운은 은산했고 귀곡산장에 온 듯했다. 집 두 채가 있었는데 사람이 산 흔적이 역력했다. 하늘이 보이지 않을 정도로 숲이 빼곡한 곳에 조그만 나무집이라니. 옛 장터로 보이는 넓은 터도 보였다. 마장터 안은 정말 포근했다.

뱀

깊은 계곡을 지나는데 뱀이 지나가는 소리가 들렸다. 다른 때보다 그 소리가 커서 의아해 주변을 살펴보니 두 마리의 큰 뱀이 서로 뒤엉켜서 경주를 하듯이 앞으로 쭉쭉 뻗어가고 있었다. 계속해서 길을 따라 앞으로 빠르게 나아갔다. 뱀을 수없이 봤지만 이런 광경은 처음이었다. 후에 안 사실이었지만 그 행동은 뱀이 교배하는 것이라 한다. 가까이서 쳐다보고 사진도 마구 찍어댔으니 괜히 미안해진다.

18

조경동마을

주소
강원도 인제군 기린면 진동리

🠖 삼둔사가리에 있는 조경동마을에는 아침가리계곡이 흐른다. 계곡 너머 아주 깊은 곳에 위치한 오지이다. 마치 들어서면 안 되는 곳에 들어서는 것만 같다. 모험심을 발휘하고 싶은 자들에게, 새로움을 맛보고 싶은 자들에게 추천한다. 조경동교를 건너면 완전히 다른 세상에 들어서게 될 것이다. 다른 나라가 아닌 다른 세상. 사람의 말을 하지 않는 것들만 사방에 가득할 것 같다. 물의 급수는 말할 것도 없이 맑다.

추천 일정

11:00	진동리 고향식당 도착 (손두부전골)
11:40	고향식당 출발
12:00	방동약수 주차장 도착, 트레킹
	코스 : 방동약수 – 방동리고개(언덕 정상) – 조경동교 – 아침가리계곡 – 진동1리
	계곡의 물이 많이 불어났을 경우에는 회귀한다. (약 10km, 5시간)
17:30	진동산채가 앞 출발

가는 길

1 산 넘어서 가는 길

서울양양고속도로를 타고 동홍천나들목에서 44번 지방도로를 이용한다. 인제에서
내린천 방향 국도31호선을 타고 현리 418번 지방도로를 따라 진동리 방태산 휴양림
으로 들어가 방동약수 방향으로 향한다.

2 계곡 백패킹으로 가는 길

서울양양고속도로를 타고 동홍천나들목에서 44번 지방도로를 이용한다. 인제에서
내린천 방향 국도31호선을 타고, 현리 418번 지방도로를 타고, 진동2리 진동산채가
앞 주차장에 주차한다.

조경동마을

1999년부터 2009년까지 아버지와 우리나라의 구석이란 구석은 다 뒤지고 다녔다. 그때는 그게 너무 싫었다. 평일이든 주말이든 쉬는 날 없이 방방곡곡을 다니는 게 힘들었다. 사람이 쉬어야 하지 않냐고 불평도 많이 했다. 그런데 지금은 아버지와 그렇게 다니던 때가 그립기도 하다.

아침가리계곡을 답사하던 때도 많이 생각난다. 아버지는 우리나라 최고의 계곡을 알고 있다며 함께 가자고 하셨다. 아침가리라는 말은 그리 흔한 말이 아니다. 조경동계곡에서 아침 조, 밭갈 경자를 써서 아침가리로 바뀌었다고 설명해주셨다.

우리가 제일 처음 찾은 곳은 방동약수였다. 방동약수에서 시멘트길로 가파르게 올라갔다. 곧이어 비포장도로가 나왔고 차량이 다닌 흔적이라곤 찾아볼 수 없었다. 차에서 내려야 갈 수 있는 길이었고, 비포장 임산도로를 한 시간 정도 걸어서 내려갔다. 사방은 깊은 산이었고 이런 곳에 마을이 있다는 것도 믿기지 않았다. 이윽고 조경동교가 보였고 왼쪽 편에 조그맣고 쓰러질 듯한 집 한 채가 있었다. 집 근처로 가니 큰 개 두 마리가 미친듯이 짖어대며 우리를 과도하게 경계했다. 그곳에서 우리는 완전히 이방인이었다. 그렇게 주변을 둘러보고 있었는데 어디선가 오토바이 소리가 들려왔다. 이 산골에 오토바이가 있다니. 오토바이를 타고 나타난 사람은 40대 중반으로 보이는 남성이었고, 머리가 아주 산발인 산적 같은 사람이었다. 우리를 보고 묻지도 않고 따지지도 않았다. 아버지는 그 무서운 아저씨한테 말을 걸었다.

"조경동폐교로 가려면 멀었나요?" 그분은 아무 대꾸도 하지 않았다. 그리고 다시 오토바이를 몰아 왔던 길을 되돌아갔다. 개가 짖는 소리에 누군가 자기 영역에 들어왔음을 직감하고 확인하러 온 것이었다. 우리도 아저씨가 온 길을 따라나섰다. 10여 분을 걸었더니 폐교가 하나 나왔다. 그곳에선 30대 젊은 남자가 웃통을 벗고 육감적인 몸으로 도끼질을 하고 있었다. 그분에게 마을에 대해 물었다. 친절하지는 않았지만 대답은 해주었다. 그분이 대답을 하는 순간, 이곳 또한 사람이 사는 곳이라는 생각에 경직되어 있던 몸이 풀렸다. 그리고 조경동마을이 눈에 들어오기 시작했다. 이 깊은 산골에 초등학교 분교까지 있었을 정도면 사람들이 얼마나 많이 살았단 말일까. 물은 또 왜 이렇게 맑은 것이며, 계곡은 어찌 이렇게 아름다울 수 있는 것일까. 이 마을에 사람이 살았을 때를 상상하며 지그시 눈을 감아보았다. 아무튼 마을엔 아저씨와 젊은 남자 두 분만이 살고 있다. 무엇을 하며 살았는지, 어떤 죄를 짓고 들어와 있는지, 어떤 속사정으로 들어와 있는지 알지 못한다. 그런데 나는 이상하게도 마냥 그런 분들이 부러웠다. 세상 모든 걸 내려놓고 살아가는 것만 같아서였을까.

아침가리계곡

답사 후 관광객들과 함께 그곳에 찾아갔다. 방동약수 주차장에 버스를 주차하고 걸어서 마을로 들어갔다. 꽤 긴 거리를 걸어 마을에 도착했고 그전에 느꼈던 긴장감은 없었다. 많은 사

근처의 즐길 것
곰배령
연가리
방태산 자연휴양림

먹거리
고향식당 손두부
진동산채가 산채비빔밥

람들과 찾아왔기 때문이었는지도 모르겠다. 그래도 경계를 넘어 다른 세
상으로 왔다는 느낌은 여전했다.

아주머니들이 마을이 정말 예쁘다며 여기저기를 사진 찍으며 둘러보았
고, 나는 이 길을 따라 10분만 걸어가면 폐교를 볼 수 있으니 자유롭게
거닐라고 안내했다. 몇몇 분이 먼저 길을 떠났고 얼마 후 비명이 들려왔
다. 나는 놀라서 급하게 뛰어갔다. 이유인즉슨 그 폐교에 살던 젊은 남자
가 그곳에 사람이 올 거라 전혀 예상하지 못한 채 계곡에서 목욕을 하고
있었던 것이다. 옷은 폐교에 다 벗어놓고 벌거벗은 몸으로. 아줌마들이
들이닥칠 줄은 전혀 예상하지 못했던 것이다.

19

연가리마을

◑ 삼둔사가리에는 연가리마을이 있다. 아직까지 잘 알려지지 않은 우리나라 최고의 단풍 계곡과 사진을 찍는 사람이라면 좋아할 만한 멋진 이끼와 폭포도 있다. 깊은 골임에도 스산하거나 습하지 않고 보고만 있어도 마음이 편해지는 길이다. 맑은 물에서는 열목어가 산다. 가을에 찾아가면 단풍과 계곡만을 정말 실컷 즐길 수 있는 여행이 될 것이다. 운이 좋으면 천연기념물인 수달과 족제비, 하늘다람쥐도 볼 수 있다.

주소
강원도 인제군 기린면 진동리

가는 길

산을 넘어 마을로 들어가는 길이 있다. 서울양양고속도로를 타고 동홍천나들목에서 44번 지방도로를 탄다. 인제에서 내린천 방향으로 국도31호선, 현리 418번 지방도로 진동리 방향으로 가면 연가리 이정표가 보일 것이다.

추천 일정

11:30	진동리 도착, 점심식사, 아침가리와 섶다리 관광
12:30	식당 출발
12:50	진동리 적암마을 도착, 계곡길 트레킹 (약 6km, 3시간)
	코스 : 연가리골 (적암마을 – 진동계곡 – 층층폭포 – 5단 폭포 – 용소)
16:00	적암마을 출발

입구를 잘 찾았다면 징검다리로 방태천을 건너 좁은 길로 가다 철다리를 건너면 연가리 맑은터 산장이 나온다. 그 산장 뒤쪽으로 작은 길이 나 있다. 연가리계곡으로 들어가는 길이다. 입구만 찾으면 나머지 여정은 수월하다.

노부부의 여행

나이 지긋하신 부부와 함께 여행을 떠나는 경우도 많다. 복잡한 관광지보다 한적하고 자연 그대로인 곳을 걷고자 하는 분들이 많다. 그중 한 부부는 주말마다 여행을 함께하셨다. 남편 분은 큰 키에 잘생긴 얼굴을 하고 항상 벙거지 모자를 쓰시고 신사다운 언행을 보여주셨다. 사모님은 아담하고 조용하고 고운 얼굴로 항상 인자하게 웃어주셨다. 두 분의 모습을

볼 때마다 항상 부러웠다. 나도 나이가 들면 두 분처럼 좋은 곳에 다니고 싶다고 생각했다.

그러다가 두어 달 뒤 한참 동안 여행을 오시지 않으셔서 안부 전화를 드 렸더니 얼마 전 남편 분의 별세 소식을 들려주셨다. 그리고 이제는 마음 을 추스르고 홀로 우리를 찾아오신다. 시간 될 때마다 자연을 즐기고 계 시니 괜히 내 마음도 조금 놓였다. 인자한 웃음으로 햇살을 받으며 누워 있는 남편만을 바라보시던 모습이 너무나도 행복해 보여 가슴속에 오래 간직하고 싶다.

연가리마을

아침가리계곡을 찾을 때처럼 약간의 모험심을 발휘하면 새로운 풍경을 만날 수 있다. 이 계곡은 가을 계곡이다. 단풍 계곡이라는 뜻이다. 다른 단풍 명소도 이곳 단풍만 못하다. 큰 마을은 아니지만 사람이 살던 터가 드문드문 돌무더기의 흔적으로 남아 있다. 계곡은 그리 길지 않으며, 계 곡을 넘어 다른 곳으로 향할 수 없어 되돌아와야 하는 점이 아쉽다. 폭 이 좁은 길을 계속 걸어야 하고, 하늘을 볼 수 없을 정도로 숲이 우거지 다. 연가리계곡엔 뱀이 많아 땅꾼들이 자주 찾아온다고도 한다.

이곳을 처음 답사할 때에 쉬운 길로 들어가려다가 어느 집 아주머니와 싸움이 났다. 그냥 길을 따라서 걸었을 뿐인데 그 길이 자기 집 땅이라 며 지나다니지 말라고 화를 내셨다. 자기 땅이니 밟지도 말라고 하는 법 이 세상천지 어디 있느냐며 아버지가 받아치니 아주머니는 오히려 더 화 를 내면서 절대 밟지 말라고 고집을 부렸다. 한바탕 소동을 일으키고 결 국 나는 아버지와 언덕 위의 다른 길을 찾아야 했다. 언덕 위로 길이 좁 게 나 있는 것도 지나다니는 사람과 그 아주머니가 매번 싸움을 일으켜서 만들어낸 길이라 한다. 가끔 이런 분을 만날 일도 있으니 기분좋은 여정을 위해 너무 흥분하지 말기를 바란다.

아버지는 연가리마을을 더 보존하고 싶다는 뜻에서 여행 상품으로 만들지도 않았고, 세상에 알리지도 않았다. 그럼에도 불구하고 아침가리는 꽤 많은 오지 트레커들에게 유명해졌다. 그러나 아직 많은 관광객이 찾아오거나 환경이 파괴되는 상황에 이르지는 않아 안도하고 계신다.

이곳 관리인을 만났다. 아버지는 이곳은 왜 입산 금지를 하지 않느냐고 물었다. 관리인은 아직까지 연가리마을엔 그런 규정이 생기지 않았다며 곰배령 이야기를 꺼내는 것이었다. 한 여행사가 곰배령을 사람들에게 알려서 관광객이 늘어 자기들이 너무 힘들다고 했다. 그렇게 불평을 늘어놓자 그 여행사의 대표인 아버지는 그 덕에 당신들은 직장을 얻은 것 아니냐 반문했고, 관리인은 사실 맞다며 멋쩍게 웃었다.

근처의 즐길 것
곰배령
아침가리
방태산 자연휴양림

먹거리
고향식당 손두부
진동산채가 산채비빔밥

146

20

새비령

➡ 오프로드 드라이빙, 산악자전거, 사륜오토바이를 즐기는 마니아들에게는 국내에서 흔히 만날 수 없는 소중한 길로 사랑받는 곳이 있다. 영화 〈엽기적인 그녀〉의 촬영지로 일명 '엽기소나무'가 있는 곳이다. 초입에 들어서면 울창한 숲과 천 길 낭떠러지가 함께 펼쳐진다. 진달래가 피는 봄과 겨울의 설경을 으뜸으로 꼽는다. 영화 〈엽기적인 그녀〉의 촬영지였던 새비령이다. 영화에 나오는 소나무뿐 아니라 걷는 길이 정말 좋은 곳이다. 따뜻한 날에 가는 것도 좋지만 영화보다 더 영화 같은 설경을 마주하고 싶다면 겨울에 찾아가는 것도 추천한다.

주소
강원도 정선군 예미읍
조동리

추천 일정

11:30	예미읍 도착
11:40	새비령 눈꽃 트레킹
	코스 : 조비치 – 백운농장 – 고랭지 밭(〈엽기적인 그녀〉의 소나무 한 그루가 있는 공원) – 백운농장
14:30	하산 후 점심식사
15:30	예미읍 출발

가는 길

중앙고속도로를 타고 제천나들목에서 국도38호선을 타면 예미읍 조동리에 도착할
수 있다.

새비령으로 올라가는 방법

1 신동읍 길운리 '달동네'라 불리는 촌락을 거쳐, 용운사가 있는 절골을 거쳐 올라간다.

2 단곡계곡과 설령을 거쳐 농로를 따라 올라가는 길이 있다.

3 '안경다리'라 불리는 조그만 교각에서부터 올라가는 솔밭길이 있다. 4km 남짓한
솔밭길이 가장 예쁘다. 완만한 경사로 산을 휘감으며 신동읍의 전경을 감상할 수
있다. 붉은 올래불나무 열매, 찔레 열매도 간간이 보인다.

새비령

이름도 예쁜 정선군 신동읍의 태백선 예미역에 내리면 잎 떨어진 침엽수 사이로 멀찌감치 새하얀 고갯마루가 보인다. 반구형 케이크에 생크림을 덮어놓은 듯한 탐스러운 모양새다. 정선군 남쪽 질운산 자락에 있는 950m의 고개인데 그 형상이 마치 새가 날아가는 모습과 같다 하여 붙은 지명이다. 오래전부터 화전민들이 정착해 터를 일구며 살아왔으나 1970년대 초 정비사업으로 지금은 고랭지 채소를 재배하는 소수만이 살고 있다.

사각사각, 눈을 밟는 기분이 괜찮다. 겨울 내내 좀처럼 눈이 녹는 일이 없다. 눈 쌓인 길가 쪽으로 소나무가 소담스럽게 가지를 내밀고 있어 마치 터널 같기도 하고 가지에 제법 두툼하게 쌓였던 눈이 바람에 하얗게 날리고 소나무 사이사이 자작나무 숲이 은빛으로 빛난다. 길 중턱에서 보는 신동읍의 풍경은 옛날 영화의 한 장면처럼 아련하다. 태백선이 긴 기적을 울리며 지나가고, 색색으로 지붕을 얹은 광산촌 사택이 동화 속 마을처럼 자리잡고 있다. '개도 만 원짜리를 물고 다니던' 광산촌의 영화는 간데없지만 눈 덮인 산골 마을은 고적하고 아늑한 풍취를 뿜어낸다.

한 시간 반 남짓한 산책을 거쳐 도착한 새비재는 온통 은빛이다. 은빛 광장이라 표현해도 좋겠다. 60만 평이 넘는 고랭지 채소밭이 아니었다면 볼 수 없는 광경이다.

새비재 뒤편으로 또하나의 그림엽서 같은 풍경이 있다. 새하얀 눈밭 틈새로 군데군데 자라난 나무와, 기껏해야 달구지가 한두 번 지나갔을 법한 조그만 오솔길, 채소 농사를 지으며 살아가는 십여 가구가 소담하게 마을을 이룬다. 이름마저도 고적한 독가촌이다.

농로를 따라 한참을 가면 강원랜드로 향하는 길이 나온다. 봄에 철쭉으로 유명한 두위봉의 7, 8부 능선 무렵부터 시작해 강원랜드 정문으로 가

는 이 길은 본래 석탄을 나르던 운탄도로였다. 은빛으로 물든 정선 신동
읍의 길에는 삶의 질곡과 산업의 흥망성쇠, 어느 시대에나 질척하게 살아
온 물욕이 묻어 있는 듯했다.

엽기소나무

아버지에게 휴일은 산에 가는 날이었고, 여가 시간도 산에 가는 것으로
보내셨다. 한번은 이런 적이 있었다. 회사에 다닐 당시 몸살을 심하게 앓
으셔서 간부들이 쉬라고 권했고, 다음날 오랜만에 집에서 쉬셨다. 그런데
좀이 쑤신 아버지는 아픈 몸을 이끌고 혼자 등산을 가셨고, 회사 간부들
은 병문안을 왔다. 어머니는 아버지가 병원에 갔다며 둘러댔는데 간부들

은 아버지 얼굴을 보고 가겠다며 돌아가지 않았다. 아버지는 가벼워진 몸으로 등산복을 입은 채 집으로 돌아왔고, 간부들과 마주쳤다. 아버지는 자신에겐 병원이 산이라며, 산에 다녀왔더니 몸살이 좀 나아진 것 같다며 웃어넘겼다. 그렇게 산을 좋아하시던 만큼 영화나 연극을 보는 여가생활은 없었던 것이다.

그러던 어느 날 〈엽기적인 그녀〉를 봤느냐는 아버지의 물음에 나는 많이 놀랐다. 그러면서 견우와 그녀가 타임캡슐 묻은 곳을 찾아야겠다고 하셨다. 조사해보니 정선 쪽이었다며 당장 출발하자고 하셨다. 우리는 출발했고, 산에서 무언가를 그렇게 찾아헤맨 적이 없었다. 등산로를 찾는 것엔 하도 이력이 나서 식은 죽 먹기였지만 소나무 한 그루를 찾으러 다니는 건 정말 쉽지 않은 일이었다. 한번에 찾지 못하고 정선의 예미읍을 쥐 잡듯이 헤매며 찾아다녔다. 아버지는 소나무 수십 개를 사진 찍어와 이게 그 나무가 맞냐며 잘 비교해보라고 하셨으나 전부 영화에 나오는 소나무는 아니었다.

그렇게 시간이 흘렀고, 어느덧 소나무 찾는 것을 포기하신 줄 알았는데 아침에 보면 또 정선으로 떠나 계셨다. 그렇게 발품을 팔고 팔아서 드디어 찾았다는 연락이 왔다. 그렇게 기뻐하는 아버지의 모습은 처음 보았다. 아버지는 좋은 곳을 발견하면 꼭 여러 사람에게 보여줘야 성이 풀리는 타고난 여행쟁이다. 항상 보시는 5만분의 1 지도를 펼치고 바로 그곳에 걷는 코스를 만드셨다.

그 길은 일반 길이 아니었다. 고원운탄로로 철광소에 석탄을 나르던 옛 고갯길이었다. 수많은 사람이 갱도에서 죽어서 나가고, 노다지를 맞아서 룰루랄라 기뻐 지나가던 그런 길이었다는 것이다. 그 고개 이름이 새비령이다. 새비령의 뜻은 전해지지 않지만 내 생각엔 새도 슬피 울며 넘었던 고개라는 뜻이 아닐까 싶다.

근처의 즐길 것
동강 드라이브
두위봉
정선 꼬마열차

먹거리
본가식당의 곤드레나물밥

영화에 나오는 소나무는 고갯마루 꼭대기 삼판로의 '백운농장' 입간판을 따라가다가 새비재의 탁 트인 부분에서 2시 방향을 보면 조그맣게 보인다. 동네 사람들은 장난 삼아 '엽기소나무'라 부르기도 한다. 그 덕에 수많은 커플이 찾아와 너도 나도 타임캡슐을 묻었고, 지금은 인근 어디를 파보아도 타임캡슐이 나올 정도로 많은 타임캡슐이 묻혀 있다.

본가식당

소나무를 찾고 말겠다는 신념으로 온 동네를 찾아다니던 아버지는 본가
식당이란 곳에서 점심을 먹게 되었다고 한다. 오래되고 허름한 집이었고,
어머니와 며느리가 함께 운영하는 식당이었다. 정선 토속 음식인 곤드레
나물밥이 지금처럼 전국에 깔리기 전, 정선에 몇 안 되는 집이었다고 한
다. 이 집 며느리 김미자씨는 덕이 후하며 음식을 잘하게 생긴 분이다. 그
분의 손맛은 감히 정선에서 최고가 아닐까 싶다.

21

안창죽마을

➔ 정선과 태백을 넘었던 분주령고원에 '천상의화원' 길이 있다. 야생화길이라고도 불린다. 그리고 안창죽마을이 있다. 아름다운 숲길은 물론 야생화로 뒤덮인 꽃길을 즐길 수 있다. 보통 스무 가지에서 서른 가지 종류의 야생화로, 곰배령에서보다 훨씬 많은 야생화가 피어난다. 길은 걷기 편해서 누구나 쉽게 다녀올 수 있는 최상의 길이라 할 수 있다.

아주 높은 산을 등반할 때에 느낄 수 있는 것들을 단시간에 편하게 즐길 수 있는 길이다. 울창한 숲, 숲길, 계곡을 능선길을 편안하게 걸으며 즐긴다.

주소
강원도 태백시 창죽동

추천 일정

10:30	사북 도착, 점심식사
11:30	태백 두문동재(싸리재) 도착, 들꽃 트레킹
	코스 : 두문동재 – 금대봉분지 – 우암산 – 고목나무샘 – 분주령 – 검룡소
	(약 8.5km, 3시간 30분) 차로 1,268m까지 올라갈 수 있다.
16:00	검룡소 출발

가는 길

중앙고속도로를 타고 제천나들목에서 국도38호선을 탄다. 태백 방면으로 향하여 국도35호선을 타고 삼척 방향으로 향한다. 황지 창죽분교(폐교)를 지난 후 좌회전하면 주차장에 도착할 수 있다.

안창죽마을

아버지는 곰배령을 세상에 알리고 참 많이 후회하셨다. 사람들이 찾지 않았던 오지인 그곳이 야생화 트레킹의 최고 명소가 되면서 자연이 훼손 되고 있기 때문이었다.

아버지는 곰배령 이후로 안창죽마을의 윗고개인 분주령을 찾아냈고, 역시나 많은 사람들에게 알렸지만 곰배령과는 다르게 태백시 공무원들의 관리로 잘 보존되고 있다. 아버지도 부러 적극적인 홍보 활동은 하지 않으셨고, 관광객을 모시고 갈 경우 자연보호에 대한 열띤 주의를 주셨다. 그리고 각자 쓰레기봉투를 준비해 자신의 쓰레기가 아니더라도 주워 오라고 하셨다. 많이 주워온 사람에겐 여행상품권을 주는 경우도 있었다. 환경에 대해 애정을 가지고 여정을 시작하는 것은 중요하다.

안창죽마을은 창죽마을의 안쪽에 있다는 데서 이름 붙었다. 트레킹 코스는 두문동재에서 시작한다. 두문동재에서 금대봉분지, 우암산 어깨를 거쳐, 고목나무샘 쪽으로 분주령까지 내려온다. 분주령은 안창죽마을에서 정선 두문동의 경계가 되는 고개이다. 분주령에서 태백 안창죽마을 쪽으로 내려가는 길을 추천한다. 야생화가 즐비한 광경을 마주할 수 있기 때문이다. 아버지는 처음 그 길을 찾아낸 후, 꽃이 분주하게 피어 있는 곳이라 분주령이 아니겠냐는 말씀을 하시기도 했다.
또 한 가지로, '천상의 화원' 길을 걸을 수 있고 강원도의 수많은 산세를 볼 수 있다. 우암산 어깨를 지나면 하늘이 보이지 않을 정도의 우람한 숲이 나온다. 폭 60cm 정도의 좁은 숲길이 나 있다. 길이 딱딱하지 않고 푹신한 편이라 발에 피로도 쌓이지 않는다. 분주령을 지나고 나면 시원한 계곡길이 펼쳐진다. 그 길을 실컷 즐긴 후에 한강의 발원지인 검룡소까지 내려가면 된다.
옛 선조 때부터 검룡소를 신성시하던 사람들이 안창죽마을을 '신비의 땅'이라 여겼다. 대덕산과 금대봉이라는 엄마의 품에 안겨 있는 형상이기도 하다. 그런 마을은 한 번쯤 구석구석 보고 싶어진다.

대덕산과 마을로 들어서는 갈림길에 쓰러질 듯
한 옛집이 한 채 있다. 백발이 성성한 할머니가
마루에 나와서 밖을 물끄러미 보고 계셨다. 할
머니한테 물을 얻어먹으며 몇 마디를 건네곤 했
는데 지금은 돌아가셨는지 보이지 않는다. 그
집도 점점 허물어지더니 정말 몇 가구 남지 않
게 되었고 이제는 터만 남아 있다. 사람 대신 마
을을 메우고 있는 고랭지 채소밭은 주민들의 땅
이 아니고 외지 사람이 땅을 사서 이 동네 사람
한테 밭농사를 짓게 하고 품삯을 주는 용도로
쓰이고 있다고 한다.

근처의 즐길 것
태백산
구문소
정암사
삼수령의 바람의 언덕
황지연못

천상의 화원

우리가 관광객들과 함께 꾸준히 금대봉과 분주령을 찾아가다보니 태백시에서 연락이 왔다.

"거기 무엇이 있는데 자꾸 그렇게 오십니까?"

"야생화가 정말 많아요."

"사람들이 그걸 보러 온다고요?"

"네!"

"저희가 길을 모르는데 오실 때 저희 직원이 동행해도 되겠습니까?"

태백시 직원 세 명과 함께 천상의 화원 길을 걸었다. 태백시 직원들은 우리 고장에 이렇게 꽃들이 불쑥불쑥 피어 있는 곳이 있었는지 몰랐다며 감탄했다. 그후 이 천상의 화원 길은 태백의 주 관광지가 되었고 이곳에서 자라는 야생화에 관한 책이 만들어지기도 했다.

생태 해설자 김부래씨와 왈순 아줌마의 고랭지 배추김치

생태보존지역으로 지정되면서 이곳을 관리하는 사람이 하나둘 늘기 시작했다. 물론 생태 해설자도 필요해졌다. 태백 토박이이며 산과 나무와 꽃을 좋아하던 김부래씨는 그런 일이 생겨나고 좋아하는 일을 할 수 있게 되면서 활기를 띠기 시작했다.

그러자 아내인 왈순 아줌마는 심심한 날이 늘었고, 꾸준히 오는 몇몇 관광객에게 막걸리를 팔기 시작했다. 막걸리 안주로는 아줌마가 담근 김치를 내준다. 하산하고 막걸리로 목을 축이던 산악인들은 김치의 맛을 보고는 그 맛에 완전히 매료되기 일쑤였다. 젓갈이 귀해 많이 넣지는 않고 토속적인 방법으로 만든다. 아삭함이 오래가고 깔끔한 맛이다. 인기가 좋아 지금은 김치를 주로 팔고 계시니 주객이 전도된 셈이다.

하루에 300명 이상 입산하지 못하기 때문에 태백시 관광과 홈페이지에서 예약을 해야 한다. 태백시에서 식사를 했다면 그 영수증을 가지고 가자. 예약하지 않고도 입장이 가능하다.

먹거리
구와우순두부

22

월정리

➔ 오대산의 좋은 등산 코스보다, 관광지보다, 볼거리보다 더 감탄하게 되는 맛이 있다. 오대산 월정사 지구에 3대째 이어오는 경남식당이다. 시어머니가 며느리에게 그 며느리가 또 그의 며느리에게 손맛을 전수하며 이어져오고 있다. 장아찌와 막장의 깊은 맛을 느낄 수 있다. 이 맛을 알게 되면 이 식당에 가기 위해서라도 오대산에 오를지도 모른다.

주소
강원도 평창군 진부면

연락처
033-332-6587
(경남식당)

가는 길

영동고속도로를 타고 진부나들목에서 국도6호선을 탄다. 월정사 방향으로 가다보면 경남식당 간판이 보인다.

예림 할머니의 경남식당

예림 할머니가 오대산에 자리잡은 것은 1959년부터였으니 식당을 운영한 지가 무려 55년이 넘어간다. 처음부터 경남식당이라는 이름으로 간판을 달고 영업을 시작했다고 한다.

나는 평창으로 손님을 모시고 가면 어김없이 경남식당을 찾는데, 문득 강원도 평창에 위치한 이 식당의 이름이 왜 경남식당인지 의아했다. 그래서 예림 할머니에게 물었다. 1960년대에는 오대산을 찾는 관광객의 대부분이 대구, 부산 사람이었다고 한다. 그래서 그 사람들에

게 친숙할 수 있는 이름을 찾은 것이라 답했다. 그 당시에는 경남식당과 서울식당, 식당은 두 곳뿐이었다고 덧붙였다.

50년 넘게 산골에서 식당을 해온 예림 할머니의 음식맛은 막장과 장아찌에서 판가름난다. 우선 고추장아찌, 깻잎장아찌, 마늘장아찌는 맛있기도 하거니와 서울에서 먹는 것보단 좀더 오묘한 맛이 난다. 그리고 오가피장아찌, 명이장아찌, 당귀장아찌 등이 있다. 예림 할머니의 장아찌는 오대산 지역에서 나는 귀한 나물로 만들어진 것이다. 특히 오대산 기슭에 있는 부연동마을에서 봄이 되면 다량으로 질 좋은 채소와 산나물을 구할 수 있어서 그 재료로 맛을 낸다고 한다. 명이나물, 곰취, 참나물, 오가피, 깻잎, 고추, 마늘종이 그러하다.

쓰거나 억센 채소는 할머니만의 노하우(아직 며느리에게도 전수하지 않았다고 한다)로 사람들 입맛에 맞게 장아찌를 담근다. 지금도 사람들이 식사를 하러 들렀다가 장아찌 맛에 흠뻑 빠져 각종 장아찌를 구매한다고 한다. 대량으로 파는 것이 아니고 1년간 올 손님이 먹을 만큼만 담그기 때문에 구매를 원하는 사람에게 조금씩만 팔 수 있다. 사고자 하는 사람이 늘어 할머니께선 양을 점차 늘리고 있긴 하지만, 아직까지 택배 판매는 하지 않고 오직 현장에 찾아오는 사람에게만 판다. 곰취, 명이, 오가피, 고추, 방풍 등은 물론이며 장아찌 400g, 국물 200g을 합해서 600g씩 팔고 있다.

사실 할머니의 진짜 손맛은 검은색의 강원도 막장에서 느낄 수 있다. 강원도의 막장은 검은색을 띠는 것이 특징이다. 우리가 잘 아는 갈색 된장을 만드는 법은 메주를 천일염과 물에 한 달 반에서 두 달간 숙성 발효시킨 뒤 삶은 콩과 함께 버무려 독에 넣고 서너 달 이상 숙성시켜 나오는 것이다. 하지만 강원도 막장은 건조시킨 메주를 잘게 빻아 가루로 만

근처의 즐길 것
월정사
상원사
선재길
방아다리 약수

든다. 그후 보리쌀가루, 소금물만 넣는다. 세 가지의 재료로만 만드는 막장에선 깊은 맛이 우러나온다. 구수한 냄새와 짙은 갈색빛의 된장찌개는 다른 반찬은 필요하지 않을 정도로 맛이 풍부하다.

각각의 비율을 잘 아는 것이 노하우이다. 비율을 물어보았더니 다 '적당히'라고 말씀하신다. 정말 애매한 설명이다. 이 막장만 있으면 나도 그 맛을 낼 수 있을 거란 착각에 빠지게 되는데 말이다. 비가 오는 날이면 특히 예림 할머니

의 김이 모락모락 나는 된장찌개와 새콤달콤하면서 진한 향이 우러나오는 장아찌가 생각난다.

두로령

아무 생각없이, 하염없이 걷고 싶을 때 추천하는 곳이다. 오대산 상원사에서 홍천 명개리까지 걸어갈 수 있는 옛길이다. 무려 15km에 이르지만 길은 험하지 않고 걷기 어렵지 않다. 길 중간에 큰 고개인 두로령이 있다.

단풍철 수많은 인파를 피하고 싶을 때, 예쁜 단풍을 오랫동안 즐기고 싶을 때, 무작정 걷고 싶을 때 두로령으로 가면 된다. 5시간 정도 예상하면 된다. 그리고 홍천의 명개리를 지나 구룡령을 거쳐서 설악산까지 갈 수도 있다.

인적이 드문 깊은 산속에 난 길이지만 무섭지 않은, 넓은 임도이며 길의 곡선과 주변 산세가 너무 잘 어울려서 수채화보다 아름다운 단풍길이다. 내로라하는 숨은 옛길이다.

23

양구

➡ 양구엔 자연만이 남아 있다. 자연이 중시되는 시대가 오며 자연주의 트렌드로 양구는 주목을 받기 시작했다. 산나물과 맑은 물이 있고, 전쟁 후 통행이 금지되었던 민통선 등이 개방되면서 우리나라 최고의 자연관광지가 되었다. 그러한 곳에서 나는 산나물은 최고의 맛을 자랑한다. 매년 봄에는 양구 곰취 축제가 열린다. 많은 사람들의 양구 여행에 이 한 가지만은 꼭 곁들여주고 싶다. 바로 청수골식당이다. 전국에 이만한 산채비빔밥이 없다. 전주비빔밥만큼의 역사와 전통은 없지만 이곳만의 자부심과 옹고집으로 전통이 되었다고 할 수 있는 집이다.

주소
강원도 양구군 방산연
고방산리

연락처
033-481-1094
(청수골식당)

근처의 즐길 것
두타연
을지전망대
해안마을
광치령휴양림

가는 길

중앙고속도로를 타고 춘천나들목에서 국도46호선 양구 방면으로 향한다. 양구 시내를 거쳐 국도31호선을 타고 방산 방면으로 향한다. 도고터널을 지나자마자 왼쪽으로 꺾으면 찾을 수 있다.

청수골식당

여행사에서 일하면서 나는 대부분의 주말을 반납하고 살았다. 물론 휴가도 생각하지 못했다. 그러던 나에게도 행운의 휴가가 생겼다. 한여름에 친구들과 농구를 하다가 발바닥이 골절된 것이다. 좋아할 일인지는 모르겠지만 휴가가 생긴 것에 마음이 좀 들떴다. 그것도 한여름의 휴가였다. 그래서 어디로든 떠나고 싶었다. 개인적으로 정말 좋아하는 고장 양구로 가야겠다고 마음을 먹고 친구와 후배가 있는 양구로 떠났다. 공장도 하나 없고, 축구나 야구나 테니스를 즐기기에도 좋고, 무엇보다 평화로운 기운이 가득하다. 산과 물과 강의 기운도 넉넉하여 내가 땅을 산다면 이곳 땅을 끊을 정도로 좋아하는 곳이다. 후배가 터미널로 마중나왔고 밥을 먹으러 가자며 어디론가 향했다.

"형님, 두타연 때문에 양구는 많이 와보셨죠? 식사는 뭐로 하세요?"

"그냥 된장찌개 먹어. 먹을 곳이 마땅치 않더라구."

"그럼 이 동네 사람이랑 군인들만 아는 곳으로 모실게요. 비빔밥인데, 좋아하세요?"

"좋지!"

실은 비빔밥이 거기서 거기지 하는 마음에 따라나섰다.

청수골식당은 아는 사람도 찾아가기 힘든 구석진 곳에 위치해 있다. 그냥 지나치기 십상인 길가에서 좁은 길로 들어가야 하며, 길가에서는 간판만

보일 뿐 집은 제대로 보이지도 않는다. 기대도 하지 않았다.

비빔밥은 비싸지 않았다. 그때 당시 6,000원이었다. 전주비빔밥에 비하면 거저먹는 가격 아닌가. 그런데 숲속에 깊숙이 박혀 있는 그 식당에서 음식을 대접받았을 때에 나는 깜짝 놀랐다. 밑반찬 몇 개와 둥그런 접시에 나물이란 나물은 다 담겨 있었다. 그것도 아주 듬뿍. 냉면 그릇 같은 것엔 밥과 참기름과 콩나물이 담겨 있었고, 접시에 준 나물들을 알아서 넣어 먹으라는 말이었다. 나물의 종류는 여덟 가지 정도 되었고, 나물의 양은 실로 어마했다. 북엇국도 나왔고 앙증맞은 달걀 프라이도 밥에 얹어주었다. 종지에는 빛나는 고추장까지. 더구나 더 달라면 더 주는 아주머니의 큰 손도 한몫했다.

냉면 그릇이 가득찰 정도로 나물을 차례대로 넣고 또 넣은 뒤 고추장과 함께 비빈 후 맛을 본 순간, 양구의 맑은 공기와 산을 한번에 다 먹는 기분이었다. 게다가 북엇국은 도대체 뭐라고 표현해야 할지. 이만큼 맛있는 산채비빔밥은 먹어본 적 없었던 것 같다.

아주머니에게 나물은 다 어디서 사오시냐고 여쭈었더니 아저씨가 산에서 캐오거나 나머지는 아주머니 땅에서 직접 농사를 지으신 것이라 한다. 고추장도 직접 만든다고 하셨다. 밑반찬으로 나오는 장아찌 또한 아주머니가 만드는 것이라 했다.

그러나 귀찮다는 이유로 식당을 홍보하진 않는다고 한다. 취재 오는 것도 싫다고 하신다. 그냥 아저씨랑 둘이 먹고살 정도로만 장사하면 된다고 하셨다. 그리고 카드보다는 현금을 좋아하신다. 일요일엔 문을 닫는다. 기독교 신자이기에 손님이 하루종일 가게에 찾아온다고 해도 문을 열지 않는다.

24

구와우마을

주소
강원 태백시 황연동 289-1

연락처
033-552-7220
(구와우순두부)

근처의 즐길 것
삼수령의 바람의 언덕
검룡소
황지연못
분주령 야생화길
태백산

구와우마을은 소 아홉 마리가 배불러서 누워 있는 모습을 닮은 땅에서 유래한 이름이다. 구와우에서는 몇만 평의 땅에 해바라기를 심어서 축제를 열기도 한다. 그만큼 이곳은 모든 것이 배부를 정도로 풍요로운 땅이란 뜻일지도 모르겠다.

태백산에는 피재라는 고개가 있다. 아주 깊은 산골인데 옛날에 전쟁이 잦을 때의 사람들은 이 고개를 넘어야만 살 수 있다고 믿었다. 이 마을을 벗어나 다른 마을로 이어지는 고개로는 적들이 쳐들어왔기 때문이다. 이 피재를 기점으로 서쪽에는 우리나라 최초의 고랭지 채소밭인 매봉산 밑에 추전이라는 마을이 있다. 산 정상 능선에는 풍력발전기와 바람의 언덕이 있으며 그 밑으로 모든 면이 고랭지 채소밭으로 메워져 있다. 8월이면 초록의 색으로 장관을 이루며, 겨울이면 눈이 많이 내려 설국을 만든다. 그 동쪽 마을이 구와우마을이다.

한 가지 아쉬운 것은 태백엔 토속 음식이 없다는 것인데, 지금 소개하는 '구와우순두부'의 순두부를 맛본다면 당연 태백의 대표 음식을 순두부라 꼽게 될 것이다. 구와우순두부에선 매일 아침마다 순두부를 만든다. 일반 순두부와 같지만 비벼 먹는 막된장이 별미다.

가는 길
중앙고속도로를 타고 제천나들목에서 국도38호선을 탄다. 태백 방면으로 향하여 국도35호선을 타고 구와우마을로 진입한다.

구와우순두부
태백에는 정선의 콧등치기국수, 곤드레나물밥과 같은 토속 음식이 없지만 많은 사람들은 태백의 소고기가 유명하다고 말한다. 원래 태백은 돼지고기 소비가 많은 동네였다. 연탄이 주 연료로 쓰이던 시절 탄광촌이있던 이곳에는 고깃집이 많을 수밖에 없었다. 탄에 들어갔다 나오면 자연스럽게 돼지고기를 먹었기 때문이다. 돼지를 키우던 곳도 있었다. 서하골마을 이라는 곳인데 지금은 O2리조트로 들어가는 넓은 길이 되었다. 예전엔 돼지를 키우는 곳이라 냄새나고 지저분하다며 태백 사람들도 그곳 사는 사람들을 하대하곤 했단다. 아무리 돼지고기 소비가 많다고는 하지만 그렇다고 돼지고기가 태백의 토속 음식이라고 말할 순 없겠다.

구와우순두부는 아주머니 두 분이 일하고 식탁은 방에 아홉 개, 마루에 두 개 정도인 작은 식당이다. 날씨 좋은 날에는 밖에서 먹을 수도 있다. 메뉴는 순두부밖에 없다. 오래된 식당의 느낌이라 깊은 맛이 나리라 믿고 순두부를 주문했다. 그런데 반찬 하나하나에서 감동을 안 받으려야 안 받을 수 없었다. 순두부에 비벼 먹는 양념장도 맛이 기가 막혔고 양념 된장까지 내어주셨다. 그리고 비지찌개, 산나물, 직접 키운 고추까지 하나하나 모든 게 다 귀해 보였다.

순두부에 양념장으로 간을 맞춘 후 밥에다 양념된장을 비벼서 비빔밥 한 숟가락, 순두부 세 숟가락 먹는 궁합이 제일 좋다. 주인은 순두부에 양념장을 넣지 말고, 양념된장을 넣어서 밥이랑 순두부를 비벼서 먹기를 권한다. 그게 더 구수하고 옛 맛이 그대로 느껴지며 강원도에서는 예전부터 그렇게 먹어왔다고. 어쨌든 어떻게 먹어도 다른 곳에서 먹는 순두부 맛과는 다르다. 양념된장과 순두부의 궁합이 이렇게 환상적이라는 걸 어떻게 아셨을까. 환상적인 맛과 동시에 지인의 집에 놀러가서 밥을 얻어먹는 기분도 들 것이다.

가기 전에는 반드시 전화를 해볼 것. 열지 않는 날일 수도 있다.

25

횡계

⊙ 고갯길은 마을과 마을이 연결되는 그 경계가 된다. 고개는 힘들게 올라야 하고, 오르고 나면 내려가야 한다. 고개를 다 넘었다 해도 모든 것이 끝난 건 아니다. 고개를 넘고 나면 다시 가야 할 목적지로 가야 한다. 목적지로 가는 길엔 매번 고개가 자리하고 있고, 생각보다 쉬운 고갯길과 아주 좁고 험한 고갯길도 마주한다. 고개만 넘어 끝이라면 얼마나 좋으련만. 고개 정상에 올라 큰 숨을 쉬자. 이제부터 시작이라고.

가는 길

영동고속도로를 타고 횡계나들목에서 횡계 시내 로터리를 지나서 123노래방 부근을 살펴보면 납작식당을 찾을 수 있다.

대관령 옛길

대관령 옛길은 365일 입산 가능하다. 강릉에 바우길이 생기면서 입산금지 기간을 없앤 것이다.

대관령 옛길은 구대관령휴게소에서 시작한다. 대관령에서 즐길 수 있는 곳은 대관령양떼목장, 선자령 야생화길, 그리고 대관령 옛길 등이 있다. 대관령 옛길은 고개 정상에서 시작하기 때문에 힘들지 않게 걸을 수 있다. 이 길은 강릉과 평창을 연결하는 고개로 약 12km 정도, 높이는 832m에 달한다.

추천 일정

10:00	평창 횡계, 점심식사 (납작식당)
11:00	출발
11:20	구대관령휴게소 도착, 트레킹
	대관령휴게소 – 국사성황당 – 대관령 옛길 – 반정 – 대관령박물관
16:00	대관령박물관 출발

예로부터 이 길을 수많은 사람들이 넘으면서 문화도 전해지고 문물도 전해졌을 것이다. 율곡 이이가 어머니 신사임당과 함께 넘은 고개로도 알려져 있다.

이 길은 구대관령휴게소에서 시작하여 국사성황당, 기상관측소 방향으로 나 있다. 20분 정도 걸으면 대관령 옛길이라는 이정표를 발견할 수 있다. 강릉 방향이라는 말이다. 내려가는 길엔 소나무가 많다. 이 길에 있는 소나무는 전부 황장목이다. 금강송이라고 불리고, 북한에서는 미인송으로 불린다. 우리나라의 대표적인 소나무이다. 피톤치드가 많이 나와 건강한 기분으로

주소
강원 평창군 대관령면 횡계리 325

연락처
033-335-5477
(납작식당)

근처의 즐길 것
용평 스키장
안반덕마을
강릉 커피박물관

걸을 수 있다.

다시 20여 분 내려가면 구대관령을 넘던 국도가 나오는데 그곳이 반정이다. 반정을 지나면 본격적으로 숲길로 들어선다. 걷는 길 내내 소나무가 즐비해 있고 계곡도 흐른다. 내려가는 데엔 2시간 정도 소요되며 대관령 박물관까지 걸어서 내려가면 된다.

오징어는 다른 집과는 다르게 두툼두툼 듬성듬성하게 놓아준다. 그리고 삼겹살도 큼지막하다. 낙낙한 양념은 익기도 전에 군침이 돌게 만든다. 밑 반찬은 강원도에서 나는 작물로 준비된다. 포일 위에서 오징어, 삼겹살이 양념과 어우러져 익어가는 모습에 식욕을 참을 수 없어진다. 오삼불고기에 아주머니가 직접 만든 김치를 넣어 비벼 먹으면 밥 두 공기를 먹어야 성이 풀릴 정도이다.

령, 재, 치

우리나라의 고개는 '령'과 '재'와 '치'로 나뉜다.

'령'은 사람과 우마차 등이 지나다닐 수 있는 큰 고개.

'재'는 사람과 말만 지나다닐 수 있는 좁은 고개.

'치'는 넘었을 때 사찰이 있는 고개.

26

무릉계곡

➔ 아주 먼 옛날부터 이 계곡길은 수많은 사람들 입에 오르고 내렸을 것이다.

"정선으로 가려면 어디로 가는 게 가장 빠른가?"

"삼화로 가면 깊은 골짜기가 나오는데 그곳을 따라가면 백복령이라는 큰 고개가 나와. 그 잿말랑을 넘으면 바로 정선이야. 그 길이 가장 빨라."

그 말을 듣고 처음 그 길을 접했던 사람들이 지은 이름이 '무릉계곡'이 아닐까 생각했다. 왜냐하면 나도 처음 그곳을 만났을 때 '무릉계곡'이라 이름 짓고 싶은 기분이 들었기 때문이다. 신선이 노닐었던 계곡이라기에 적격인 곳이다.

주소
강원도 동해시 삼화동 859

연락처
033-539-3700
(무릉계곡 관리사무소)

추천 일정

10:00	무릉계곡 주차장
10:10	매표 후 무릉계곡 산책
	코스 : 무릉반석 – 학소대 – 선녀탕 – 쌍폭포 – 용추폭포 – 회귀
13:30	식당가 식사
14:30	무릉계곡 출발
15:00	천곡동굴 도착 후 관람
16:00	천곡동굴 출발

매표소를 지나면 기, 승, 전 없이 바로 절경을 볼 수 있다. 그리고 바위 바위마다 정으로 혹은 돌로 아름다움을 표현한 낙서, 과거의 흔적을 찾아볼 수 있다. 심지어 조선시대 4대 명필인 양사언 선생도 열여섯 자나 적어놓고 갔다. 내가 신선이라면 물, 기암괴석, 산세, 뭐 하나 빠지지 않는 이곳에서 쉬며 놀고 싶을 것이다.

가는 길

1 지름길
동해고속도로를 타고 동해나들목을 지나 효가사거리에서 국도42호선을 타면 무릉계곡에 도착할 수 있다.

2 드라이브 하기 좋은 길
영동고속도로를 타고 새말나들목에서 국도42호선을 탄다. 안흥, 평창, 정선5일장, 아우라지, 임계, 백복령을 거쳐 무릉계곡에 도착할 수 있다.

잊을 수 없는 가이드

"두타산에 있는 무릉계곡에 곧 도착하겠습니다. 이곳은 국민관광지 1호로 1977년에 지정된 곳인데 사람들에게 아직 잘 알려지지 않은 곳입니다. 계곡의 절경이 골때리게 멋진 곳입니다. 그래서 산 이름이 두타산이 아닌가 싶습니다." 1999년 두타산 무릉계곡을 가이드할 때의 고정멘트였다.

"매표소에서 제가 단체로 매표하겠습니다. 그리고 나서 들어가시면 됩니다. 제일 처음에 나오는 곳이 무릉반석인데 그곳은 수백 명이 앉아서 쉴 수 있는 곳입니다. 계곡물 사이에 있는 큰 너럭바위이며, 수많은 시인 묵객들이 아름다운 경치에 빠져서 갈 길을 가지 않고 그 반석에 시를 적은

흔적이 많으니 그냥 지나치지 마시고 꼭 한번 보세요. 조선시대 4대 명필인 양사언 선생의 글씨도 있으니 찾아보세요. 계곡물에 쓸려 흐릿해진 글씨를 강원대 교수들이 그대로 본떠서 무릉반석 입구에 적어놓았습니다.

무릉반석을 지나면 삼화사가 나오는데 이는 왕건이 삼국을 통일하겠다는 신념으로 지은 이름입니다. 삼화사는 계곡을 다 보고 내려오는 길에 보시면 좋습니다. 일단은 그냥 지나치십시오. 그리고 계단을 오르면 깊은 계곡과 숲길이 나옵니다. 10여 분 걷다보면 학소대란 곳이 나옵니다. 학소대는 신선이 와서 종이학을 접어 날렸더니 이곳에 내려앉아 자리를 잡았다고 하여 생긴 이름입니다. 학소대는 특이하게 폭포 바로 옆에 쉴 수 있는 터가 있습니다. 폭포는 물이 많을 때 생기는데 운이 좋은 날에만 볼 수 있습니다. 폭포가 생기면 꼭 그 옆에 앉아서 간식을 드십시오. 학소대를 지나 30분 정도 더 가면 만물상과 선녀탕이 나오고 큰 폭포 소리를 들을 수 있을 겁니다. 청옥산에서 내려오는 용추폭포와 두타산에서 내려오는 박달폭포가 한 곳에 떨어지는데 소리만 들어도 속이 다 시원합니다. 남성스러운 쌍폭포입니다. 용추폭포는 삼단짜리 폭포입니다. 상폭, 중폭, 하폭으로 이루어져 있는데 마치 용이 지나간 모양이라 용추폭포라고 이름이 붙여졌다고 합니다. 용추폭포가 떨어지는 곳의 소는 너무 깊어서 깊이를 알 수 없다고 합니다. 그런데 기이하게 하폭 옆 어딘가에 한자로 누군가 용추라고 적어놨습니다. 어떻게 적었는지 아직도 밝히지 못했다 하네요. 끝으로 왔던 길을 걸어 주차장까지 내려오시면 무릉계곡은 제대로 보신 것입니다. 왕복 3시간이면 충분히 다녀오고, 남녀노소 누구나 쉽게 다녀올 수 있습니다."

20년이 다 지난 지금도 이 가이드를 쉽게 떠올리는 건 1999년부터 2001년까지 매주말 이곳을 가이드하러 갔기 때문이다. 여행사 대표였던 아버지는 나에게 가이드로 한 곳으로만 3년을 보내주셨다. 일주일에 두 번씩 가는 때도 있었다. 그럼에도 불구하고 내가 마치 신선이 되어 노닐었던 계곡 같다는 환상에 빠져들게 만드는 곳이다.

두타산

무릉계곡은 수백 번 다녀봤지만, 두타산을 직접 오른 적은 없었다. 두타산을 잘 안다고 말하고 다녔지만 두타산 오르지 못한 것이 내내 마음에 걸렸었다. 어느 날 삼척에 사는 의동생을 만나러 갔다가, 젊었을 적을 생각하듯 나이도 잊은 채 술을 마셔 취기가 어느 정도 올랐고, 불현듯 다음날 두타산을 오르겠다고 다짐했다. 술이 깨지 않은 이른 새벽 나는 두타산으로 향했다. 친구의 아내는 나에게 도시락을 싸주겠다고 했지만 난 불편을 주는 것 같아 거절하고 집을 나서려는데 사과 한 개를 주며 꼭 가

지고 가라고 하여 시큰둥하게 받았다. 사과를 배낭에 넣고 무릉계곡 주차장에서 초코바 2개, 소시지 2개, 소주팩 2개를 들고 올랐다. 남녀노소 쉽게 다녀올 수 있는 무릉계곡과 달리 두타산은 정말 힘들었다. 땀은 비 오듯 흐르기 시작했고, 체면이고 뭐고 수건으로 머리를 싸매고 휘청이며 올랐다. '공복이어서 그런가?' '아니, 내가 왜 이렇게 미친듯이 오르고 있지?' 이런 생각을 하며 오르는데 건너편에 청옥산 절경이 보였다. 이런 곳에서는 술을 마셔줘야 한다. 소주팩을 꺼내 혼자 술을 마셨다. 정말 신선 놀음이었다. 이어폰을 끼고 노래를 들으며 30여 분 앉아서 술이 아닌 신비의 물을 마셨다. 자연인이 된 기분으로 다시 산을 올랐다.

두타산 정상에 올랐을 땐 기분좋게 보슬비가 내렸다. 그리고 배가 너무 고팠다. 불현듯 친구의 아내에게 받은 사과가 생각나 꺼내 한입 베어 물었는데 다람쥐 한 마리가 오는 것이 아닌가. 도통 갈 생각은 않고 사과를 뚫어지게 쳐다보는 것이었다. 고민 끝에 사과를 한입 떼어 줬더니 아주 잘 먹는다. 손바닥에 사과를 또 떼어 올려놓았더니 한치의 망설임 없이 내 손으로 왔다. 나는 놀랐고 때문에 이놈은 더 놀란 것 같아 미안해 신발 위에 사과를 떼어 올려놓았더니 또 와서 먹는 것이었다. 먹던 사과를 통째로 줬더니 들고 먹기 시작했다. 도망가지도 않고 내 앞에서 마치 '나 잘 먹는 거 보여?' 자랑하듯. 사진기를 조심스레 꺼내는데도 신경쓰지 않고 흔쾌히 모델이 되어주었다. 비록 내 일용한 사과는 빼앗겼지만 다람쥐와의 교감에 내내 기분이 좋았다.

그리고 '금강산보다 좋다'. 금강산을 다녀온 분들이 한 말이다. 걷기 쉽고, 계곡 주변에 쉴 곳도 많다. 그리고 사계절 모두 찾아오기 좋다. 바닷가와 가깝기 때문에 여름휴가철에도 추천한다. 물놀이는 이 계곡에서도 가능하다.

근처의 즐길 것
추암해수욕장
망상해수욕장
천곡동굴

먹거리
무릉회관의
곰취백숙
산채나물비빔밥

두타산에 사는 사람들

권영일씨는 무릉계곡 지킴이다. 동해시 토박이시다. 지금은 무릉회관이라는 식당을 하시는데 산악구조대이기도 하다. 두타산이 쉬운 산이 아니라서 조난당하는 사람도 간혹 있다. 권영일씨는 조난 신고에 언제든 출동하신다. 언제 어디서 산행을 시작했다는 정보만 있으면 대충 어디서 조난당했는지 감이 온다고 한다. 이곳에만 살며 이 산에서 자란 권영일씨가 두타산의 산증인이다. 그의 둘째 아들은 식당을 이어받아 운영하며 아버지가 그러했듯 두타산에 살고 있다.

두타산성

무릉계곡 매표소를 지나 30여 분 즈음 가면 갈림길이 나온다. 이정표에는 두타산정상, 두타산성, 12폭포라 적혀 있다. 산행을 하려면 이곳으로 오르는 것을 추천한다.

두타산성은 두타산 중턱에 성벽이 조금씩 남아 있을 뿐이다. 1414년(조선 태종 14년)에 축성된 것으로, 천연적인 산의 험준함을 이용하여 부분적으로 성 쌓기를 하였다고 한다.

『신증동국여지승람』에 의하면, 고려 충렬왕 때 이승휴가 전중시어殿中侍御로서 왕의 뜻을 거스른 죄로 파직되어 이곳에 은거하면서 스스로를

동안거사動安居士·두타산거사頭陀山居士라 부르며 『제왕운기』를 저술했다고 한다.

산세를 그대로 이용하여 지었고, 성을 한 바퀴 도는 데 약 7일 정도 걸리는 매우 큰 성이라고 한다. 산돌을 그대로 이용했으며 살짝 다듬어 사용했다. 임진왜란 때 빨래하던 할머니가 적병에게 이 산성에 대해 이야기해주어 왜군이 정선 백복령 옆 이기령을 넘어 침공하여 함락되었다고 했다는 이야기가 전해진다. 그래서 근처에는 '피수구비', '바굴다리', '대구리' 등의 동네 이름과 다리 이름이 생겼다고 한다.

27

만항마을

운탄로

석탄을 캐기 위해 인부들은 조를 짜서 갱도로 들어갔다. 조는 조장 1명, 탄약을 다루 줄 아는 사람 1명, 그리고 나머지 인부들로 이루어졌다. 석탄을 캔 만큼, 갱도 안에 나무기둥을 세운 만큼, 갱도를 파낸 만큼 인부들에게 임금이 주어졌다고 한다. 그리고 갱도에서 나오는 날, 그 자리에서 인부들에게 현금을 쥐여주었다고 한다. 인부들은 그 돈을 바로 그날 탕진하곤 했다. 내일 어떻게 될지 모르는 사람들이 돈이 무슨 소용이랴.

세상 밖으로 나온 탄은 필요한 곳으로 운송되었다. 탄을 실은 검은 차들이 지나갔던 길을 운탄로라 말한다. 함백산과 백운산 그리고 두위봉, 장산에는 큰 탄광회사가 있었다. 운탄로는 지금도 산 구석구석에 흉물스럽게 남아 있지만 옛날엔 그 길로 정말 많은 탄부들이 지나다녔을 것이다. 그 길이 우리가 지금 걷고 있는 길이다.

가는 길

중앙고속도로를 타고 제천나들목, 국도38호선을 탄다.
영월, 정선 남면, 사북, 고한, 414호선 지방국도를 거쳐
만항재에 도착할 수 있다.

주소
강원도 정선군 고한읍

추천 일정

여름

11:00	태백 구와우순두부 점심식사
11:40	구와우순두부 출발
12:20	두문동재 도착, 야생화 트레킹
	코스 : 두문동재 – 은대봉 – 중함백 – 함백산 – 만항재
16:30	만항재 야생화 공원 휴식
17:00	만항마을 저녁식사 (토종닭백숙)

겨울

10:30	사북 시내 도착, 식사 (시골된장)
11:00	식당 출발
11:30	만항재 도착, 눈꽃 트레킹
	코스 : 만항재 – 태백 고원 육상경기장 – 함백산(등산 : 등산로, 하산 : 임도)
	– 만항재
14:30	만항재 출발
15:00	태백산 눈축제 참관
17:00	태백산 눈축제 출발

만항재

만항재는 우리나라에서 차로 갈 수 있는 가장 높은 고갯마루다. 정선에서 영월, 태백으로 이어지며 이는 운탄로의 일부분이다. 운탄로는 산 구석구석을 뚫었고, 이곳 만항재까지 이어져왔다. 만항재가 있는 능선은 태백산에서 함백산으로 이어지는 백두대간으로 금대봉, 은대봉 그리고 우리나라 5대 적멸보궁인 정암사도 이 자락에 있다.

보통의 기온보다 5~10도 정도 차이가 나서 안개가 자욱한 날이 많다. 구름 위를 걸을 수 있는 상상 속 그곳이다. 구름 속을 느낄 수 있는 만항재, 그 아랫마을인 만항마을이 천국이 아닐까 싶다.

봄여름의 함백산

봄이면 만항마을과 만항재, 그리고 함백산에서 두문동재까지의 길에 또다른 천국이 펼쳐진다. 바로 야생화 천국. 우리나라에서 '야생화 군락지' 하면 대표적으로 설악산 곰배령을 꼽지만 야생화의 종류로 따지자면 이곳 함백산과 만항재를 꼽아야 한다.

한가지 아쉬운 점은 5월 15일까지는 입산 금지 기간이라 얼레지를 보지 못한다는 것이다. 늦둥이 얼레지들만이 남아 있다. 입산 금지가 해

제되면 너, 나 할 것 없이 여기저기서 야생화들이 얼굴을 내민다. 봄 야생
화는 작고 귀엽고 앙증맞다. 개별꽃, 현호색, 산괴불주머니, 벌깨덩굴, 쥐
오줌풀, 털쥐손이, 홀아비바람꽃, 미나리냉이 등 수없이 많은 야생화들이
이곳에 피기 시작한다. 야생화를 제대로 만끽하려면 만항재에서 시작하
거나 두문동재에서 시작하는 것이 좋다. 자가용을 이용한다면 만항재를
추천한다. 만항재 함백산 아래 삼거리에서 등산로를 따라 함백산을 오르
면 된다.

제대로 걷기를 원한다면 만항재, 함백산, 중함백, 은대봉를 거쳐 두문동
재까지 걷는 코스를 추천한다. 역으로 걸어도 된다. 소요 3시간 30분 정

도 생각하면 되지만 야생화를 찾아보고, 간식도 먹으려면 4시간에서 4시간 30분 정도로 예상하는 게 좋다. 함백산은 우리나라에서 여섯 번째로 높은 산이니 윈드점퍼를 챙기는 건 필수이다. 중간에 마실 수 있는 물도 없으니 생수도 필수이다.

장마가 지나가고 무더운 여름이 오면 화려한 여름 야생화 천국이 펼쳐진다. 여름야생화는 키도 크고 늘씬하고, 형형색색의 빛을 띤다. 보라색의 둥근이질풀, 주황의 나리꽃과 동자꽃, 노랑의 원추리, 분홍의 노루오줌 등 팔레트에 물감을 온통 뿌려놓은 듯한 아름다움을 준다.

겨울의 함백산

구상나무와 주목나무의 군락지인 함백산의 겨울은 최고의 눈꽃 산행지, 상고대의 천국이다. 눈꽃의 종류는 눈이 내리면 바로 나뭇가지에 쌓이는 설화, 높은 고지에 서리처럼 생기는 상고대, 눈이 내리고 다음날 따뜻

했다가 다시 급격히 추워질 때 생기는 빙화, 이렇게 세 종류가 있는데 함백산은 상고대가 일품이다. 물론 기본적으로 눈이 많이 내리는 곳이기도 하다.

만항재에서 시작한 눈꽃 트레킹은 함백산까지 절경을 이룬다. 백두대간 능선이라 높새바람이 세차다. 이런 환경 때문에 상고대가 많은 것이다. 쉬운 길이기 때문에 처음 오르는 사람에게도 더할 나위 없이 좋다. 하지만 초행길에 만항재에서 시작하여 함백산, 은대봉, 두문동재까지 걷는 코스는 피해야 한다. 두문동재에 터널이 생겨 옛길인 고개까지는 제설이 되지 않아 차가 다니질 못한다. 두문동재까지 등산한 후에 아랫마을 두문동까지는 다시 10km 정도를 걸어서 내려가야 하는 어려움이 있다.

주의사항

1. 쓰레기봉지를 준비하여 길에 쓰레기를 버리지 말아야 한다.
2. 야생화를 꺾거나 훼손해서는 안 된다.
3. 사진을 찍기 위해 삼각대를 설치해서는 안 된다.
4. 산나물 채취를 금한다.

28

칠랑이골

주소
강원도 영월군
상동면 내덕리

⊙ 내가 피서지를 고르는 기준은 세 가지이다. 습하고 덥지 않은 곳, 에어컨 바람이 아닌 자연 바람의 상쾌함이 있는 곳, 먹거리가 많은 곳.

내 로망 중 하나는 무더운 여름에 아침에 일어나 개운한 아침 공기를 마시고, 강원도 막장으로 만든 진갈색빛을 띤 된장찌개와 고춧가루로 만든 감자조림과 산나물무침이 먹고, 계곡에서 발을 담그고서는 감자전에 막걸리 한잔을 하는 것이다. 그리고 나서 한숨 자는 것이다. 그리고 오후 즈음에 일어나 토종닭백숙을 주문해 놓고 다시 물놀이를 즐기다가 토종닭백숙에 술 한잔을 더하는 것. 취기가 어느 정도 오르면 계곡에서 취기를 없애고 나와, 깊은 잠을 잔다. 저

녁으로는 고기를 구워 먹는 것이다. 별빛과 고기 굽는 소리 그리고 계곡 소리의 조합으로 하루의 마지막을 장식하는 것이다. 이런 나의 로망을 충족시켜주는 곳은 칠랑이골이다.

가는 길

제천나들목에서 국도 38호선을 타고 영월 방면으로 향한다. 석항삼거리에서 상동 방면으로, 상동삼거리에서 태백 방면으로 향하면 칠랑이골에 도착한다.

근처의 즐길 것
김삿갓 묘
만항재
태백산

먹거리
상동 맷돌두부 식당
백운산장 식당

골짜기 군락

영월군 상동면 내덕리(냇가 언덕에 형성된 마을이라 붙여진 이름)에 있는 골짜기는 태지골, 이골, 섬지골, 우백골, 미수골, 가는골, 아시내, 턱골, 절골, 칠랑이골 등 셀 수 없이 많은 골들의 군락이다. 1,407m의 두위봉의 남쪽이며 1,408m의 장산 자락, 1,179m의 삼동산의 서쪽 등 1,000m가 훨씬 넘는 산들 사이에 위치한다.

영월 여행이라면 단종릉과 선돌 그리고 청령포를 떠올리기 쉽지만 사실 영월을 제대로 보려면 상동으로 가야 한다고 생각한다. 가족들과 함께 야영할 곳도 굉장히 많고, 계곡물에 몸을 담가 여름을 날 수 있는 곳도 많다. 물은 물론 시원하다. 켜켜이 쌓여 있는 천혜의 골짜기가 바로 이곳이다. 이끼계곡들도 많다.

칠랑이골의 유래

신라시대에 일곱 명의 화랑이 이곳에서 수련했다는 설도 있고, 자장율사가 이곳을 지나는데 칡넝쿨을 발견하고는 그 넝쿨이 멈추는 태백산 자락에 정암사와 수마노탑을 짓고 부처님의 사리를 봉안했는데 그 '칡넝쿨'을 따서 칠구렝이, 치랭이골, 칠랑이골로 불린다는 설도 있다.

추 천 일 정

10:00	만항재 야생화공원 도착, 야생화 군락지 관광
11:00	만항재 출발
11:30	칠랑이골 백운산장 도착

백운산장

찾는 이는 그리 많지 않다. 여름 최고 성수기인 8월 1일에도 당일 전화 예약이 가능하다. 산속에 허름한 산장인데, 흔히 상상되는 산장의 모습은 아니고 오래된 모텔 건물이다. 1층은 식당이고 나머지 공간을 숙소로 이용할 수 있다. 산장 앞에는 계곡이 흘러 물소리와 함께할 수 있다. 계곡 바로 옆으로 방갈로와 평상이 있어 여름철 최고의 식사 장소로 꼽을 수 있다.

이곳을 알게 된 건 태백산 눈꽃 산행 때였다. 골짜기 사이에 허름한 산장이 있었고, 태백산 산행 전에 끼니를 해결할 만한 식당이 많지 않아 이곳에서 밥을 먹곤 했다. 밥맛은 강원도의 시골 밥상 그대로였다. 그렇게 알게 된 칠랑이골의 백운상장의 이상한 끌림이 내게 있었던 모양이다.

29

원대리

➔ 강원도 메밀의 맛을 그대로 느낄 수 있는 막국수를 만들어주는 집이 있다. 그곳에서 우리는 다부진 할아버지의 막강한 손맛 역시 느낄 수 있다.

가는 길

서울양양고속도로를 타고 동홍천나들목에서 구성포교차로로 향한다. 교차로 부근 갈림길에 누르는 막국수 식당이 위치한다.

누르는 막국수

아버지가 우리나라에서 최고 맛있는 막국수를 먹게 해주겠다며 나를 데리고 갔다. 어느 할아버지가 운영하는 식당 '누르는 막국수'이다. 할아버지는 옆머리에만 머리카락이 나 있는 민머리에 아주 다부진 몸을 가졌다. 다부진 정도가 아니라 완전 근육질이었다. 그리고 식당 한 켠에는 할아버지가 방송에 출연했던 사진들이 붙어 있었다. 그 집 음식에 대한 방송은 아니었다. 세계에서 덤벨을 가장 많이 하신 기네스 기록 소유자인 할아버지의 모습이었다. 그 힘으로 막국수 면을 눌러 만들기 때문에 '누르는 막국수'라고 하는 듯했다.

그 집에는 할아버지가 운동할 때에 쓰던 덤벨이 있다. 그리고 이렇게 적혀 있다. '덤벨 80번

주소
강원 홍천군 화촌면 구성포리 527

연락처
033-435-5435
(누르는 막국수)

근처의 즐길 것
홍천 수타사
공작산

을 하면 모든 음식값은 무료.' 덤벨을 하는 법도 달랐다. 덤벨을 들고 팔을 완전히 내린다. 그리고 눈높이까지 올리는 것이 아니라 머리 위로 올려야 한 번인 거다. 여지껏 80번을 한 사람은 한 번도 못 봤다고 자랑하신다.

막국수의 종류는 물과 비빔이 아니다. 그냥 한 가지이다. 밑반찬도 백김치와 절인 무뿐이다. 주전자에는 메밀육수가 있고 양념도 할머니가 직접 해주신 그대로 비벼 먹으면 된다. 다만 기호에 따라 설탕이나 식초, 겨자를 넣으면 된다. 면발은 뚝뚝 잘 끊어진다. 메밀이 많이 들어간 증거라고 한다. 다 먹고 난 그릇에 마지막으로 따뜻한 메밀육수를 붓고 마지막까지 비벼서 먹어야 한단다. 속을 따뜻하게 달래는 방법이다.

할머니 할아버지 두 분이 식당을 운영하신다. 마감시간은 무조건 7시이다. 7시 30분쯤 도착할 것 같다고 전화를 드린 적이 있는데 단호하게 안된다고 하셨다. 노인네들 힘들어서 손님이 오건 말건 7시에 무조건 문을 닫는다고 하신다.

자작나무 숲길

2000년 중반 이후부터 사람들이 자연을 찾기 시작했다. 자연휴양림에서 산책로를 걷고 싶은 사람들이 많아졌다. 피톤치드 물질이 가장 많이 나오는 나무인 편백나무숲이 인기를 끌기 시작했고 겨울에 아름답기로 유명한 자작나무숲도 사람들 입에 오르내리기 시작했다. 상쾌하게 산책을 마칠 수 있는 곳, 원대리를 소개하고 싶다.

자작나무의 껍질이 불에 탈 때 '자작자작' 소리를 내며 탄다고 하여 자작나무라 이름 붙었다. 추운 곳에서 잘 자라는 나무이고 봇나무라고도 불린다. 서양에서는 '숲 속의 여왕' 혹은 '숲속의 주인'이라고 불린다.

종이가 귀하던 시절에는 얇게 벗겨지는 껍질에 글을 쓰거나 그림을 그렸

다. 껍질은 부패를 막는 성분이 있어 잘 썩지 않는다. 원대리마을 입구에서 걸어가야 한다. 임산도로를 따라 40여 분 올라서면 능선길이 이어지고 그 능선을 따라 20여 분 가면 자작나무숲이 나타난다.

자작나무 숲에는 큰 정자와 자작나무로 만든 집도 있다. 멀리서 자작나무를 바라보면 마치 흰 선이 곧게 그어진 것 같다. 자작나무 아래에 누워서 하늘을 바라보면 쭉쭉 뻗은 자작나무가 그렇게 멋져 보일 수가 없다. 우리나라에서 흔히 볼 수 없는 자작나무 군락지가 이곳 원대리에 있다.

경상도

30

청량산과 봉성

주소
경상북도 봉화군 봉성면
봉성리 367-4

연락처
054-672-9046
(희망정)

청량산은 퇴계 이황이 사랑한 산으로 알려져 있다. 퇴계 이황 외에도 많은 사람이 이 산을 사랑했는데, '산꾼의 집'에 들러 그 마음에 대해 차를 한잔 마시며 생각해보는 것도 좋겠다. 청량정사를 거쳐 오산당으로 가는 입구에는 '산꾼의 집'이 있다. 산꾼의 집은 이대실이라는 분이 만든 곳이다. 이대실씨는 중학교 때 청량산에서 감동을 받고 어른이 돼서 이곳에서 살겠다는 다짐을 했다고 한다. 그리고 지금 그 다짐을 지키고 있다.

그 청량산 이곳을 지나는 사람들에게 열두 가지 약초로 달인 약차를 한잔 주셨으며 달마도를 잘 그려 달마 명장1호로 지정이 되었다. 그렇게 항상

추천 일정

11:00	청량산 도착
	코스 : 입석대 – 웅진전 – 산꾼의 집 – 오산당 – 청량사 (약 2시간 30분)
13:30	청량산 출발
14:00	봉성 도착, 점심식사
14:30	봉성 출발
15:30	영주 부석사 도착, 절집 답사
	코스 : 일주문 – 안양루 – 무량수전 – 조사당의 선비화 (약 2시간)
17:30	부석사 출발

인자한 얼굴과 나지막하고 굵은 목소리로 청량산을 지키셨다. 지금은 이 대실씨가 세상을 달리하시고 다른 분이 그 집을 지키고 있다. 이곳에 들르면 그 사람들의 마음이 조금은 느껴볼 수 있을 것이다.

청량산에 들른 후에 영주 부석사에 가보는 것도 좋겠지만 무엇보다 추천하고 싶은 것은 봉성마을의 숯불구이다.

가는 길

중앙고속도로 풍기나들목에서 국도5호선을 타고 영주 시내로 들어간다. 영주 시내에서 얼마 전 외곽도로로 바뀐 36번 지방도로를 타고 울진 방향으로 간다. 봉화 봉명로 즉 청량산 도립공원 방향으로 향하여 918번 지방도로로 내려서 10여 분 가면 봉성이 나온다. 봉성 안에 버섯 모양의 숯불구잇집을 찾을 수 있을 것이다.

희망정

이 집의 돼지고기숯불구이는 참을 수 없는 맛이다. 우리가 직접 구워먹는 것이 아니라 장인의 손길을 가진 할머니와 그 기술을 전수받은 아들이 참숯과 소나무숯으로 직접 구워서 솔잎에 올려준다. 보통 돼지고기와는 다른 고소함과 솔 향이 있다.

경북 봉화의 봉성마을에 저녁 무렵 들어서면 마을은 뿌연 연기로 가득차 있다. 마을 하늘은 온통 연기로 가득하다. 이 마을이 거의 모든 식당에서 고기를 굽고 있기 때문이다. 마을에는 한 예닐곱 개의 돼지구잇집이 있다. 봉성이어서인지 어떤 연유에서인지 모르겠지만 상봉식당, 청봉식당, 솔봉식당 등 '봉'을 쓰고 있는 집이 많다.

마을을 관통하는 왕복 2차선도로 중간에 있는 봉성마을은 작지만 평화로워 보이고 오가는 차도 그리 많지 않다. 희망정은 이 마을에서 숯불돼

지구이를 처음 팔기 시작한 집이다. 깔끔한 식당 뒤편에는 두 개의 화로
가 있는데 하나는 엄마가 쓰는 것, 하나는 아들이 쓰는 것이다. 철망 안
에 생고기를 다소곳이 올려놓고 작업장에서 낡은 부채를 부쳐가며, 뒤집
기를 반복하며 고기를 굽는다. 연기는 엄청나다. 기름이 뚝뚝 떨어지는
모습은 왠지 식감을 더한다. 고기가 익어갈 때쯤이면 딸은 둥그런 접시에
솔잎을 주섬주섬 올려놓고 아들에게 접시를 건넨다. 솔잎을 얹은 접시 위
에 고기를 올려놓으면 모든 작업은 끝난다. 그리고 어머니가 직접 키운 야
채와 직접 담근 된장으로 찌개를 끓이면 한 상이 가득해진다. 돼지 냄새는
전혀 나지 않는다. 약간의 기름기는 접시 위 솔잎에서 저절로 흘러내린다.
솔 향과 참나무 향이 가미되어 좋은 맛을 더해준다. 나는 묻지 않고는 고
기를 먹을 수 없었다.

"여기 고기가 왜 맛있어요?"

"보통 숯불구이 할 때 대부분의 사람들은 참숯으로 굽는다고. 나도 처음

에는 참숯으로 구웠는데 뭔가 생각하는 맛이 안 나. 그래서 언젠가 한번 소나무 숯을 구해서 구웠더니 아주 망하더라고. 근데 향은 좋았었거든. 그래서 솔숯이랑 참숯을 같이 넣어서 구웠더니 기름기도 잘 빠지고 향도 좋고 고기가 구수해지는 거야. 그래서 숯을 같이 넣어서 굽는 거야."

"그럼 솔숯과 참숯의 비율은요?"

"됐어."

냉정하게 됐다고 하신다. 맞지. 내가 그걸 물어보면 안 되는 거지. 어머니가 수십 년 동안 찾아낸 노하우다. 청량산의 육육봉의 웅장함과 아기자기한 산세도 좋지만 난 봉성에서 어머니가 직접 담가 만드는, 지글지글 끓으며 조금씩 넘치는 된장찌개와 솔잎에 다소곳이 올려진 돼지고기가 생각나서 더 좋아하는지도 모르겠다.

31

대현마을

봉화군 석포면의 대현리의 백천계곡은 사람의 발이 닿기 힘든 곳이며, 세계 최남단의 열목어 서식지이기도 하다. 열목어는 빙하시대에 살던 어족으로 세계적인 희귀종이다. 그만큼 이 계곡의 물은 맑고 수온이 낮다.

땅의 기운이 남달라 많은 종교단체에서 이곳으로 들어오려고 하고 있다. 그만큼 기가 센 곳이다.

걷기 힘들지는 않다. 평지를 걷는 것과 비슷한 수준의 길이다. 백천계곡길을 따라가면 태백산에 오를 수 있다.

주소
경상북도 봉화군 석포면
대현리

연락처
054-673-6301
(석포면사무소)

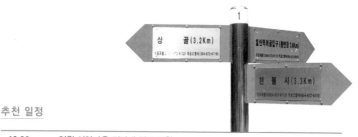

추천 일정

10:30	영월 선암마을 전망대 입구 도착
11:30	전망대 출발
12:30	태백 인근 식당 도착, 점심식사 (예미 곤드레나물밥)
13:00	식당 출발
14:00	백천계곡 입구 주차장 도착
	코스 : 현불사 – 백천계곡 – 현불사
16:30	백천계곡 입구 주차장 출발

1 태백 방면

중앙고속도로에서 제천나들목에 내려 국도38호선을 이용해 영월 – 태백 방면으로
간다. 이곳은 국도가 고속도로처럼 나 있기 때문에 태백으로 가도 길이 괜찮다. 태백
에서 봉화 방면으로 국도35호선을 이용한다. 구문소라는 곳을 지나 봉화 방면으로
가다보면 옛 대현초등학교가 보인다. 현불사라는 큰 비석 방향으로 우회전하여 들어
가 현불사 주차장에 주차하면 된다.

2 영주 방면

중앙고속도로에서 풍기나들목으로 나와 국도5호선을 타고 영주 시내로 간다. 영주
시내에서 36호선 국도를 타고 봉화 – 울진 방면으로 간다. 현동삼거리에서 국도31호
선을 이용하여 태백 방면으로 좌회전한다. 청옥산 휴양림지나 대현리에서 대현초등
학교가 보이면 현불사 방향으로 좌회전한다. 현불사 주차장에 주차하면 된다.

백천계곡

태백시의 환경을 감시하는 분 중에 장대순이라는 분이 있는데 2007년 어느 날, 13년 만에 개방되는 계곡이 있다며 한번 가보면 좋을 것이라고 추천해주셨다. '13년 만에 개방된다'는 말은 내 가슴을 뛰게 하기에 충분했다. 그 계곡이 청정지역임은 두말할 나위 없다는 뜻이었기 때문이었다. 새벽에 태백을 지나 봉화에 가야 하는 부담이 있었지만 계곡 생각에 피곤할 겨를이 없었다.

봉화에 도착해서는 현지 분을 만났다. 그분 또한 명물이었다. 백천동계곡의 땅을 가장 많이 소유하고 있으며, 이곳을 세상에 알리기 시작한 분이기도 했다. 농사꾼의 흔적은 뚜렷했고, 구수한 경상도 사투리에 다소 억세 보였지만 몇 마디 나누어보니 순수한 사람임이 틀림없었다. 그분과 계곡길을 걸으며 나는 감탄을 숨길 수 없었다.

"세상에 이런 곳이 우리나라에 있었다니!"

"좋제?"

"네!"

길은 사람의 흔적이라곤 찾아볼 수 없을 정도로 청정했다. 산길처럼 좁은 길도 아니었고 예전에 차가 다녔을 법한 꽤 넓은 길이었다. 산책로에 가까웠다.

"아저씨! 왜 이렇게 길이 잘 닦여 있어요?"

"이 길은 일본놈들이 우리나라 금강송을 지네 나라로 가져가려고 일제강점기 때 길을 맹글어놓은 거여, 나쁜 놈들."

맞다. 주위를 둘러보니 금강송이 다른 데와는 완전히 다르게 쭉쭉 뻗어 있었고, 두께도 아주 두꺼운 소나무들이 가지런히 놓여 있었다. 이런 나무라면 나라도 가져가고 싶다는 생각이 드는 나무들이었다.

이곳은 세계 최남단의 열목어 서식지이다. 여름에도 물속이 차고 깊어 빙하시대에 살던 어족인 열목어가 사는 것이다.

"정말 열목어가 많아요?"

"천지다 천지. 팔뚝만한 것들이 팔딱팔딱 뛴다!"

열목어를 찾아보았지만 쉽게 보이지 않았다. 인기척이 있으면 절대 나오지 않는다고 한다. 실제로 사진작가들은 한 시간을 엎드려 숨죽이고 기다렸음에도 불구하고 워낙 놈들이 재빨라 찍지 못했다고 한다.

거칠고 덥수룩한 이끼가 무성하고 물속이 다 내려다보일 정도로 맑은 계곡이다. 한 가지 특이한 점은 계곡의 고도가 높을수록 물의 양이 적어져야 하는데 이곳은 물이 점점 많아지고 있다는 것이다.

이 마을에 처음 왔을 때는 이상하게도 기분 좋은 기운에 눌렸고, 두번째 방문했을 때엔 계곡의 아름다움에 놀랐고, 세번째엔 진심을 다해 보존하고 싶은 곳이라는 생각하게 되었다. 자연은 그대로 있을 때가 가장 아름다운 법이다. 이곳에서 열목어를 잡거나 쓰레기를 버리거나 자연을 훼손하는 행동을 해서는 절대 안 된다. 반드시 그대로 놔두어야 한다.

이 지역 청년회 회장인 이석천씨의 아버지는 교장선생님이었다. 이석천씨의 부친은 이 백천계곡이 정감록에 나오는 십승지 중 한 곳이라고 굳게 믿었다고 한다. 그래서 돈이 생기는 대로 이곳의 땅을 샀다고 했다. 이석천씨의 말로 부친은 밭농사는 고사하고 손에 흙도 안 묻혔으면서 자신과 어머니만 생고생시키고 있다고 했다. 부친은 돌아가셨고 어머니만 모시고 사는 이석천씨는 그래도 이 백천동에 땅이 가장 많은 사람이다.

근처의 즐길 것
태백 구문소
승부마을
봉화 청옥산 자연휴양림

먹거리
청옥산장의
된장찌개와 토종닭

현불사

이곳에는 현불사라는 절이 있다. 이 지역의 땅의 형태와 기운 때문인지 종교인들이 많이 들어와 구석구석에 무속인들이 엄청나게 많았다고 이석천씨가 알려주었다. 또한 지기가 대단하여 많은 정치인들이 다녀간다고 한다.

32

승부마을

주소
경상북도 봉화군 석포면
승부리

⊙ 승부마을에 간다면 '환상선 눈꽃열차'를 타는 것도 좋지만 마을을 제대로 보기 위해서는 낙동강변을 따라서 걷는 것을 추천한다. 낙동강 최상류의 맑은 물을 볼 수 있고 시원한 공기도 마실 수 있다.

지도를 보면 봉화 석포라는 곳은 강원도 태백권과 밀접해 있다. 태백과 동해 삼척과도 가까워 봉화 쪽으로 가는 영암선 열차가 이곳을 지난다. 영암선 기찻길 중간엔 작은 마을이 있는데 그곳이 승부마을이다. 하지만 열차를 이용하면 이 마을을 제대로 보지 못할 것이다. 승부마을은 도보 여행으로 즐겨야 제대로 즐길 수 있다.

가는 길

1 태백 방면

중앙고속도로에서 제천나들목에서 국도38호선을 이용해 영월 – 태백 방면으로 간다. 이곳은 국도가 고속도로처럼 나 있기 때문에 태백으로 가도 길이 괜찮다. 태백에서 봉화 방면으로 국도35호선을 이용한다. 구문소라는 곳을 지나 봉화 방면으로 가다보면 석포역 쪽으로 들어가면 된다. 큰 아연공장이 나오고 그 길을 따라 약 10km 정도 들어가면 승부마을이 나온다.

2 영주 방면

중앙고속도로에서 풍기나들목으로 나와 국도5호선을 타고 영주 시내로 간다. 영주 시내에서 국도36호선을 타고 봉화 – 울진 방면으로 향한다. 현동삼거리에서 국도31호선을 타고 이용 태백 방면으로 좌회전한다. 청옥산 휴양림 지나 석포역 쪽으로 들어가면 된다. 큰 아연공장이 나오고 그 길 따라 약 10km 정도 들어가면 승부마을이 나온다.

도보 여행

도보 여행을 즐기려면 우선 태백을 거치는 길로 들어서는 것이 제일 좋다. 가다보면 구문소라는 작은 소가 나온다. 바위가 저절로 터널을 만든 곳이다. 옛 문헌에 흉년이 지고 사람이 살기 힘들 때에 낙동강을 따라 계속 걷다보면 큰 돌문이 나오는데, 그곳을 지나면 무릉도원이 펼쳐진다는 설이 쓰여 있다고도 한다. 그곳은 바로 태백을 말하고 있는 듯하다.

구문소를 지나 봉화 석포까지 간다. 석포까지는 길이 좋아 봄부터 가을철에는 갈 수 있지만 겨울철 눈이 많이 오는 날엔 이 마을에 사는 사람이 아닌 이상 가지 않는 것이 좋다. 석포에서 10km 정도 가다가 큰 공장을 지나 첫번째 다리가 보이면 그 앞에 차를 주차하는 것이 좋다. 그러면 낙동강을 따라 승부마을로 들어가는 길이 펼쳐진다. 옆으로 난 영암선 열차길을 따라간다. 외길이라 마을을 찾아가기는 쉽다. 단 급한 걸음은 자제해야 한다. 도보 여행의 재미는 목적지에 다다르는 것이 될 수도 있

지만 천천히 걸으면서 주변도 둘러보고 사람들과 도란도란 이야기 나누는 것에도 있을 것이다.

낙동강 최상류 구간인 승부마을로 들어가는 길에 결둔이라는 마을을 거친다. 결둔마을의 이름은 전쟁할 때 그곳에 모두 집결하여 숙영을 하며 준비를 하였다 하여 지어졌다. 결둔마을을 지나면 암기마을이 나온다. 암기마을은 주변의 돌들이 아름답고 협곡 같아 기암괴석의 기암을 거꾸로 하여 이름 지었단다. 샛길로 빠지면 마무이마을도 있다.

이 마을들을 모두 지나고 나면 마지막 마을, 승부마을이 모습을 드러낸다. 승부마을은 전쟁의 승부가 이곳에서 갈렸다 하여 이름 지어졌다는 말이 있다. '1995년 범죄 없는 마을, 봉화군 승부리'라는 이정표가 마을 입구를 가리키고 있다.

승부역에 가보는 것도 좋다. 승부역으로 가는 길은 조그만 이정표가 집들을 거치며 알려주고 있으니 따라가면 된다. 승부역에 근무하는 역무원이 쓴 시도 비석에 새겨져 있다.

하늘도 세평이요
꽃밭도 세평이요
영동의 심장이요
수송의 동맥이다

이곳이 바로 승부역이다. 일반 열차는 영주 방향 열차가 하루 세 편, 태백 방향 열차가 세 편 정차한다. 환상선 눈꽃열차는 마을에 한 시간 정도 정차하고 나서 출발한다.

이곳 주민들은 이 마을에 많은 신경을 쓰고 있다. 눈꽃열차를 운행하는 시기이면 나와서 직접 만든 음식을 판다. 육개장은 추위를 떨치기에 더없이 좋다. 숯불에 구운 생선은 구미를 당긴다. 가끔 참새도 구워주신다. 겨울에 찾아오는 사람들이 있어 다행이다.

도보 여행은 시간에 쫓길 일이 없어 느낄 거리가 훨씬 많다. 그러니 낙동 강변을 따라 천천히 걷는 것을 추천한다. 도보 여행이라 하면 많은 사람들이 등산과 비교를 한다. 정상을 향해 힘들게 오르는 산행이 아니라 가벼운 산보에 가깝다. 승부마을은 평지이기 때문에 남녀노소 쉽게 걸을 수 있다. 단 겨울에 걷는 것을 추천한다. 봄부터 가을까지는 차가 빈번히 지나다닌다.

눈꽃열차 밖 장터

눈이 많이 오는 겨울날이면 승부마을에 사는 주민들은 홍재남씨 가족을 주축으로 하여 그해의 두번째 수입을 낸다. 환상선 눈꽃열차가 멈추고 열차의 문이 열리면 관광객을 상대로 음식과 그네들이 1년간 수확한 농작물을 판다. 연세가 많은 어머니들은 농작물을 팔고, 젊은 아낙들은(젊어 봤자 쉰이 훨씬 넘은 아주머니들) 음식을 만들어 판다. 그중에 제일 인기 있는 음식은 가마솥에 끓인 시래깃국과 육개장이다. 육개장에 들어가는 모든 재료는 이 지역에서 나오는 것으로, 말 그대로 믿고 먹을 수 있는 착한 음식이다. 남자들은 숯불을 때서 돼지고기 꼬치나 양미리, 메추리들을 굽는다. 우리가 흔히 먹는 꼬치와는 차원이 다르다. 긴 꼬치에 꽂히는 것은 아주 두툼한 고기들이다.

열차가 한번 멈추면 수백 명이 내리기 때문에 정신이 하나도 없다. 난장판 일보 직전이다. 시골에 사는 남자들은 셈에 약하다. 사람들이 마구 가져다가 먹고 직접 계산해서 주는 경우가 많다. 나는 매년 겨울 관광객을 데리고 열차에 올라타는 것을 제쳐두고 주민들 틈으로 들어가 계산을 돕는다. 내가 마치 그 마을 주민인 것마냥.

"만오천 원이요! 만이천 원! 에잇 몰라, 그냥 만 원만 주세요."

동네 이장님도 내가 그리 해드리는 걸 싫어하지 않는 눈치다. 우리 관광객은 당연히 내가 있는 곳으로 발길을 모은다. 같이 막걸리도 마시고 양미리와 꼬치도 구워먹는다. 그리고 난 엉터리로 계산을 해서 아저씨에게 준다.

"제가 먹은 건 얼마죠? 그냥 만 원만 받아요."

좀말벌

여름이었다. 여행중 마을 사람이 심어놓은 감자를 손수 캐보는 체험을 하고 동네 분의 집에서 닭백숙도 먹기로 되어 있었다. 감자를 캤고, 주린 배를 채우러 백숙을 먹기 위해 뜰로 갔는데 누가 내 등에 '딱딱딱' 하고 총을 쏘는 것이었다. 총을 맞아보진 않았지만 마치 총에 맞은 것 같은 아픔이었다. 동시에 머리가 띵했다. 확인해보니 말벌에게 세 방 쏘인 것이었고 등이 바로 붓기 시작했다. 모든 사람이 놀랐고, 동네 분들도 빨리 병원에 가야 한다고 호들갑을 떨었다. 나는 여행 인솔자였기 때문에 괜찮은 척, 그냥 파스만 발랐다. 그렇게 모든 일정을 마치고 집에 돌아와 확인해보니

근처의 즐길 것
철도청에서 운영하는
O트레인과 V트레인
(협곡을 달리는 열차이니
강력 추천한다.)
태백 구문소
태백고원 자연휴양림
양원역

먹거리
겨울에만 파는
승부마을표 꼬치,
양미리, 메밀전병,
육개장,
시래깃국

통증과 흉터가 굉장했다. 날 쏜 것은 그냥 말벌이 아닌 좀말벌이란 놈이었다. 보통 벌들은 자신을 위협했을 때 공격을 가하지만 좀말벌은 자신의 집 주변을 지나다니는 것이라면 무작정 쏘는 놈이란다. 난 그것도 모르고 그 주변을 계속 왔다갔다하다가 쏘인 것이었다. 지금도 등엔 그날의 좀말벌의 흔적이 세 군데 흉터로 남아있다. 오지에선 누가 누구에게든 불청객이 될 수도 있으니 모두의 심신이 상하지 않게 조금만 조심하면 된다.

준비 사항

아이젠과 두툼한 겨울옷과 방한복이 필요하다. 스패츠까지는 필요 없다.

33

대성골

주소
경상남도 하동군 화개면
지리산

➔ 빨치산의 마지막 격전지가 되었을 만큼 깊은 골과 계곡이 있다. 대성골은 지리산 최고의 오지 계곡과 마을이라 말하고 싶다. 한 달 동안 백야전 사령부의 토벌 공세로 궁지에 몰린 빨치산 부대가 대성골로 집결하였다고 한다. 지리산에서 가장 깊은 협곡인데다가 다니기 험난하여 도피하기에 적합했기 때문이었다. 토벌대는 이 정보를 얻고 그 주변 모든 도로를 차단시켰다. 오직 대성골로 가는 길만 터놓고, 수도사단은 열흘간 엄청난 공세를 가했다고 한다. 대성골은 불길에 휩싸였다. 빨치산은 추위와 굶주림을 견디며 밤낮없이 눈 속에서 숨어 지내며 한 움큼의 쌀과 바위 틈새에서 떨어지는 물로 겨우 연명하였다. 결국 대성골 전투에서 천여 명의 빨치산들이 섬멸되었다고 한다.

추천 일정

11:30	지리산 쌍계천 의신마을 도착, 계곡길 트레킹
	코스 : 의신 – 대성골 – 외딴집 – 의신 (약 3시간)
16:00	의신 출발

대성골은 아버지가 워낙 잘 아는 곳이라 아버지께선 나와 관광객들과 함께 동행하였다. 한여름이었고, 하동의 화개장터 쪽으로 향했다. 아버지가 버스 안에서 관광객에게 전하는 안내 방송의 대부분은 빨치산과 지리산 이야기였다.

지리산 천왕봉에 오르면 '와, 산 진짜 크다' 하는 생각이 가장 먼저 든다고 하셨고, 설악산 대청봉에 오르면 '와, 산 진짜 아름답다' 하는 생각이 든다고 하셨다. 지리산은 정말 엄청나게 크다. 크다는 것은 그만큼 숨을 곳이 많다는 이야기가 되기도 한다.

대성골 계곡은 어느 계곡보다도 깊다. 그리고 길이 아주 좁다. 그 안으로 마을이 있을 것이라고는 생각도 하지 못할 정도로 깊고 좁다. 계곡물은 매우 거세 중압감을 주기까지 한다. 사람들과 함께 갔으니 망정이지 혼자 이 길을 간다면 난 용기내지 못했을 것이다.

가는 길

완주순천고속도로를 타고 황전나들목에서 국도17호선 순천 방향으로 향한다. 857번 지방도로를 타면 월등면에 도착할 수 있다.

대성계곡

지리산 대성계곡은 오랜 옛날부터 보기 드문 기도처로 뭇사람들의 발길이 끊이지 않았으며 근세에 들어서는 전란의 소용돌이 속에 피의 제전의 역사를 간직한 길고 깊은 골짜기로 잘 알려져 있다. 화개동천 맨 안쪽에 숨어 있는 협곡의 수림과 남향으로 배치된 기암절벽, 그리고 그 위용의 품위를 한 단계 높여주려는 듯 흐르는 물줄기는 지리산 최고의 기도처로 손색이 없다. 특히 대성골 가운데서 가장 깊숙이 숨겨져 있는 영신봉 아래 영신대는 지리산에서 최고의 기도처로 각광받으면서 치성객을 매료시

키고 있다. 그 영검한 자태는 금방이라도 소원하는 모든 것을 들어줄 듯
해 찾아간 자의 애간장을 태우기에 충분하다.

대성골 비빔밥

대성골의 외딴집에 도착했다. 식당은 이 외딴집 하나뿐이다. 아주 투박한
식탁 위로 식사를 차려준다. 몇 안 되는 반찬과 비빔밥으로도 식탁은
꽉 찬다. 양푼 그릇에 산나물을 몇 가지 듬뿍 넣고 고추장을 넣어준다.
잘 차려진 한정식 식당에서 먹는 비빔밥과 비주얼로는 비교도 안 되겠
지만 황홀경에 빠질 정도의 맛이다. 정해진 레시피도 없다. 주인장 마음
대로, 눈대중으로, 손에 잡히는 대로 나물을 넣으며 가짓수를 맞춘다.

근처의 즐길 것
화개장터
토지문학관
쌍계사

먹거리
하동 동흥식당 재첩

배부르게 식사를 마치니 아버지가 냉수마찰을 하라고 권유했다. 그러면서 아버지는 계속 내게 물을 끼얹었다. 장난기 가득한 얼굴로 아들과 물장난하고 싶은 것 같았다. 아버지는 항상 손님들과 여행할 때에 선두에서 코미디언처럼 사람들을 즐겁게 해준다. 그러던 중 나와 눈이 마주치면 언제 그랬냐는 듯 과장된 액션을 취하신다. "아이쿠, 아들한테 보여주면 안돼." 그 모습에 사람들은 박장대소한다. 무더운 날 짜증날 법도 한데 아버지는 특유의 유머로 사람들을 즐겁게 해주신다. 집에서는 볼 수 없는 모습으로.

지리산

지리산은 국립공원 제1호로 지정되어 있으며 5대 명산 중 하나일 정도로 웅장하고 경치가 뛰어나다는 것은 너무나도 잘 알려진 사실이다. 특히 사계절 산행지로, 봄이면 세석 및 바래봉의 철쭉, 화개장에서 쌍계사까지의 터널을 이루는 벚꽃, 여름이면 싱그러운 신록, 폭포, 계곡, 가을이면 피아골 계곡 3km에 이르는 단풍과 만복대 등산길의 억새, 겨울의 설경 등 각가지 아름다운 풍광을 자랑한다.

34

대티골마을

→ 영양 일월산 자락에 대티골마을이 있다. 영양에 몇 남지 않은 오지이며 주민들끼리 단합이 잘되어 마을을 잘 이끌어가고 있다. 최근에는 외씨버선길을 걸으려는 관광객들이 이 마을에 찾아오고 있다. 명이나물을 주 재배원으로 하여 동네 사람들이 합심한 모습이 보기 좋다. 다 같이 판매를 하여 수익은 공동으로 나누며 마을 사람들의 사이가 나쁘지 않다고 한다. 그리고 이 마을 사람들의 집에는 전부 황토구들방이 한 채씩 있다.

주소
경상북도 영양군 일월면

연락처
054-683-0669
(김승규 이장)

추천 일정

11:30	춘양 도착, 점심식사 (토속 음식)
12:10	춘양 출발
13:00	일월산 자생화 공원 도착, 공원 답사
13:30	일월산 자생화 공원 출발
13:40	대티골 입구 도착, 트레킹
	코스 : 대티골 – 치유의 숲 – 칡밭목 – 우련전 (약 3시간, 난이도 하)
16:30	우련전 출발

가는 길

중앙고속도로 풍기나들목에서 36번 지방도로를 타고 노루재 지나서 31번 지방도로를 탄다. 영양터널을 지나면 일월광산 입구(자생공원 입구)에 도착할 수 있다.

일월산 자락 대티골마을

우리나라의 산은 영산과 명산으로 나뉜다. 대표적인 명산으로는 설악산이 있다. 그리고 영산은 영이 깃든 산. 영적인 산을 말하는데, 대표적으로 지리산이 그렇다. 그 외에 계룡산, 태백산 등이 있다. 많은 사람들에게 잘 알려지지 않은 경북의 대표적인 영산으로 일월산이 있다.

일월산은 일자산과 월자산의 두 봉우리가 우뚝 솟아 있으며, 음기가 강하다. 그래서 예전부터 무당이 많았고, 토속신앙을 믿는 이들도 많았다. 지금도 이름 모를 사당 같은 것이 남아 있다.

일월산 자락의 대티고개 아랫마을이 대티골이다. 근래에 외씨버선길이 생기면서 대티골과 대티고개에 관광객이 늘기 시작했다. 대티마을을 지나 대티고개로 넘어 봉화로 가는 길은 지금은 다니지 않는 옛 국도이다. 비포장도로로 이 산골 마을까지 터덜터덜거리며 고개를 넘었을 양철로 된 버스가 눈에 선하다.

이 마을을 지키는 김종수 전 이장님이 계셨다. 노부부로 이 마을을 지킨 지 오래된 모양이다. 터와 땅의 기운이 너무 좋아 다른 곳에서는 못 산다고 하시며 밭농사를 짓고 산나물을 따다 팔며 지낸다고 하셨다.

나라에서는 이 마을에 사는 사람들 모두에게 한 채씩의 황토방을 지어주었고, 관광객에게 하룻밤의 숙박비를 받을 수 있게 해주었다고 한다.

신라시대에는 화랑들이 이 마을에서 무예 훈련을 했다고 한다. 일제강점기 때에는 철광을 캐다가 동네가 쑥대밭이 되었고, 기가 좋은 터여서 일자산과 월자산 정상에 레이더 기지를 만들었다는 이야기까지, 마을에서 있었던 일들을 이장님께 전해 들을 수 있었다. 사람들이 마을의 이야기를 하는 것이 또 한번 따뜻했던 날이었다. 마을에 얼마만큼의 애정을 담아내야 하는 걸까.

이장님께서는 아침식사까지 마련해주셨다. 이른 아침 마을 굴뚝에서 올라오는 연기도 따뜻했고 감을 말리는 오후의 모습도 예뻤다.

35

여차마을

주소
경상남도 거제시 남부면
다포리

연락처
055-633-1858
(천년의 미소)

➲ 거제도 최남단의 오지로 여차마을이 있다. 잘 알려지지 않은 작은 어촌 마을이다. 여차마을 해변은 새파랗고, 주먹만한 크기의 몽돌이 많아 아름답다. 돌들이 수만 년간 파도에 부딪혀서 모가 나지 않고 몽돌이 되었다. 물이 들어오고 나올 때 몽돌들이 굴러가는 소리가 아주 인상적이다. 맑은 물과 거제의 다도해를 볼 수 있다. 마을 사람들의 소박함도 느낄 수 있고, 조용히 하루 묵었다 가고 싶은 곳이다.

추천 일정

06:00	거제도 해금강 선착장 앞 도착
07:00	아침식사 (해물 된장찌개)
	해금강 선착장 출항
	바다 위에 금강산 해금강 유람선으로 관광
	외도는 입도하여 1시간 30분 자유 관광
10:00	아름다운 외도 산책하기
10:10	해금강 선착장 도착 후 버스로 환승
10:40	거제도 바람의 언덕 및 신선대 도착, 신선대의 탁 트인 전망과 맑고 깨끗한
	낙화암 바닷가 감상
11:10	신선대 출발
12:30	거제도 남부 여차마을 도착
	한려수도의 오밀조밀한 섬을 볼 수 있는 까마귀재 올라가기
14:00	여차마을 식당 도착, 점심식사 (매운탕)
	여차마을 몽돌밭
16:30	여차마을 출발

가는 길

대전통영고속도로 통영나들목에서 국도14호선을 타고 신거제대교를 거친다. S오일 거제 삼성충전소를 지나 1018번 지방도로를 타고 거제시를 지나 거제휴양림 방면으로 향한다. 학동 국도14호선을 타고 저구리에서 1018번 지방국도로 타면 여차몽돌밭에 도착할 수 있다.

근처의 즐길 것

거제도 외도

해금강

소매물도

신선대와 바람의 언덕

먹거리
천년의 미소
(마을의 대표적인
식당으로 매운탕을
잘한다. 숙박할 수
있는 방도 있는데
모텔 수준의 민박이다.)

까마귀재 전망대

여차마을의 풍광을 보려면 까마귀재 정상의 전망대에서 보는 것이 가장 아름답다. 승용차로 갈 수 있지만 오고갈 때에 먼지를 많이 일으키므로 걸어가는 사람들에게 불편을 끼칠 수 있으니 될 수 있으면 걸어가는 것이 좋다. 까마귀재 전망대에선 거제도와 바닷가에 보이는 작은 섬부터 큰 섬까지 오밀조밀 모여 있는 모습을 볼 수 있다. 한산섬은 물론 매물도도 바로 앞에 있는 것처럼 볼 수 있는 날이 있다.

미역

이 마을에서 유명한 것은 미역이다. 거제도엔 해녀가 있다. 동네 어머니들이 잠수복을 입고 들어가서 성게, 해삼 등을 잡아오고, 따온 미역은 몽돌해변에 널어 말린다. 햇볕 잘 드는 몽돌해변에서 말린 자연산 미역은 이지역에서만 살 수 있는 것이다. 양이 많지 않아 직접 방문한다 하더라도운이 좋아야 살 수 있다.

몽돌해변에서 휴식을 취하며 몽돌이 서로 몸을 비비는 소리를 듣고 있었다. 바닷가에 돌을 던져보다가 멀리 계시던 해녀 한 분을 하마터면 다치게 할 뻔했다. 해녀는 망에 무언가를 담아서 육지로 나오셨다. 무엇을 따신 거냐고 여쭤보니 집에 있기 답답해서 그냥 이것저것 딴 거라고 하신다. 옆에서 구경하던 관광객이 자신에게 팔면 안 되냐고 하니 만 원만 달라 하고는, 그렇게 전부를 주고 가셨다.

36

내원동과 월외마을

➔ 우리나라에서 전기가 가장 늦게 들어온 마을이다. 전기가 처음 들어왔을 때 이 마을 사람들은 어떤 가전제품을 가장 먼저 살지 우리는 짐작하기 어려웠다. 실제로 청송 내원동마을에 전기가 들어오는 날, 그곳에 사는 분들이 산 가전제품은 '전기밥솥'이었다. 사람들 대부분은 티브이, 냉장고, 형광등, 라디오 같은 것을 예상했으나 예상과는 달리 그들은 그 많은 것들이 필요하지 않았던 것이다. 티브이나 냉장고 없이도 여태 잘 살아왔던 것이고, 단지 매일 먹어야 하는 밥이 가장 번거로운 일이었던 것이다. 현재는 자연보호 차원에서 그 마을은 없어졌다. 아무도 살지 않는다.

주소
경상북도 청송군
청송읍 월외리

연락처
054-873-4273
(청송 자연회귀마을)

추천 일정

11:30	청송 도착, 점심식사 (토속 음식)
12:00	식당 출발
12:30	월외마을 도착, 트레킹
	코스 : 월외마을 – 주왕산 용추폭포, 절구폭포, 용연폭포 – 주왕암
	– 주왕굴 – 대전사 (약 12.2km, 4시간 30분)
17:00	주왕산 주차장 출발

가는 길

청송 시내에서 달기약수로 가면 월외리에 도착할 수 있다.

팜스테이

월외리 추진위원장님이 계시다. 이 작은 마을에 찾아오는 사람들이 많지는 않지만, 팜스테이로 마을을 발전시켜가고 있다. 봄엔 손두부, 고사리, 허브 채취, 여름엔 계곡과 주왕산 산행, 가을엔 반딧불과 메주 빚기, 겨울엔 썰매, 달구지 타기 등 많은 일들을 해내고 있다. 인심이 넘치는 사람들이다.

내원동마을

내원동마을은 주왕산 끝자락에 있던 마을이다. 한때는 사람들이 제법 살았다. 그 깊은 골짜기 안까지 학교(내원분교)가 있었다. 하지만 사람들은 점차 그 마을을 떠나기 시작했다. 그럼에도 그곳은 사슴할아버지가 마을

을 지키고 계셨다. 그분은 내원동마을에 살면서 산나물을 채취하고, 약초를 다리고, 내원동마을로 오는 오지 트레커들에게 숙박이나 식사를 해주면서 생계를 꾸려갔다. 그런 할아버지를 주왕산 식당가 한편에 조그만 상점에서 만났다. 아니 이곳에 왜계시냐고 했더니 이제 내원동마을이 없어진다고 말씀하셨다. 명분은 자연훼손이다. 국립공원안에서는 지정된 장소에 취사 및 야영을 할 수 없다. 그런데 이상하리만큼 내원동마을은 예외라 생각했던 이유는 뭐였을까? 오지에 청정지역에 있던 마을이라? 국립공원 안에 있는 마을. 흔치 않은 마을이였다고 생각했었지만, 맞는 논리이다. 할아버지를 생각하면 좀 안타까웠지만 이 좋은 자연을 후손에게 물려주고 보존하려면 국립공원의 선택은 당연한 것이었다.

달기약수터

월외마을에 들어가기 전에 달기약수터를 지나게 되어 있다. 약수맛이 톡 쏘는 것이, 쌓인 체증이 한번에 내려가는 듯하다. 이 약수터 근처에는 약수로 지은 밥과 백숙이 별미인데, 백숙은 살짝 녹색 빛을 띤다. 입안에 들어가자마자 녹아내리는 완벽한 별미이다.

대둔산과 태행산으로 둘러싸인 산촌 마을로,

주변에 고개와 골짜기가 많다. 댕대이, 대평, 도토매기, 절골마을 등이 있다. 소개되지 않은 마을에 모험심을 가지고 찾아가보는 것도 분명히 좋은 시간을 가져다줄 것이니 발품을 팔아보기를 바란다. 청송의 대표 음식으로 달기약수백숙이 있다. 달기약수에 토종닭과 갖은 약초나 몸에 좋은 재료를 삶은 것이다. 약수의 특성상 옅은 검초록색이 나는 것과, 찹쌀밥과 국물을 따로 주는 것이 특징이다. 청송에 간다면 꼭 먹어봐야 할 음식이다. 또, 두끼를 든든하고 맛있게 챙겨먹고 싶은 자들을 위해 또 하나의 맛을 소개하려고 한다.

백반인데, 특별한 백반은 아니고 그냥 백반이다. 그냥 백반이라는 이유로 추천하는 것이다. 아주머니께서 그날 장을 봐온 재료로, 만들어주는 대로 먹어야 하는 청맥식당의 밥상이다.

가는 길

중앙고속도로 안동나들목에서 국도34호선을 타고 청송 방면으로 향한다. 청송군청을 거치면 찬경루에 다다르고 그 옆으로 조그만 간판이 보인다.

청맥식당

나는 백숙이라면 청송의 달기약수백숙을 첫번째로 꼽을 정도로 좋아한다. 그렇지만 아무리 좋아해도 너무 자주 먹다보면 질리기 나름이어서 다른 음식은 없을까 하여 찾아다녔다. 청송 읍내 어느 가게에 들렀다가 주인 할머니에게 여쭤봤다.

"할머니, 밥 잘하는 집 있어요?"

"음…… 저기 청맥식당이라고 가봐."

"어디쯤에 있어요? 뭘 팔아요?"

"밥 팔고, 저기 조금만 가면 돼."

할머니는 분명히 조금만 가면 된다고 했지만 아무리 가도 식당은 보이지 않았다. 오기가 발동했고 구석구석을 샅샅이 살폈다. 그리고 청맥식당이라 적힌 조그만 간판을 힘겹게 찾아냈다. 간판이 붙은 건물은 일반 가정집이었다. 대문으로 들어가 대여섯 개의 계단을 올라가보았는데 영락없는 가정집이었다. 이 집이 식당으로 허가가 난 게 맞나 싶어 둘러보니 허가받은 것은 맞았다.

"이 집에선 무엇을 먹어야 해요?"

"백반이요."

"뭐가 나오는데요?"

"그날 제가 장본 걸로 나와요."

"그럼 그거 주세요."

밑반찬이 여덟 가지 정도 나온다. 접시 역시 가정집에서 사용하는 접시였고, 밥도 머슴밥처럼 퍼주었다. 내가 많이 먹게 생기긴 했지. 밑반찬들을 먹어본 순간 엄마 생각이 났다. 외지에 나와 밥을 먹는데 엄마가 생각나긴 처음이었다. 뭐라고 표현을 해야 할지 한참 고민해보았는데 그냥 '엄마'였다. 콩나물국, 시금치, 생선구이, 김치, 깍두기, 동치미…… 다 엄마의 맛이었다. 음식을 먹으며 울먹거렸다. 엄마 밥을 안 먹어본 지가 언제인지. 시골의 맛과 구수한 맛의 시골 된장, 산나물, 산채비빔밥 등은 모두 먹어봤어도 엄마의 맛을 느껴본 적은 정말 없었다. 다른 말은 필요 없었다. 집밥이다. 메뉴도 없다. 그냥 아주머니가 해주는 대로 먹어야 한다. 그렇지만 맛은 최고다.

손님들은 매번 아줌마에게 정말 맛있다며 어떻게 한 것이냐 묻지만 아줌마는 배고파서 맛있게 드신 거라 답한다. 아줌마는 아직까지도 여전히 사람들이 배고파서 맛있게 먹는 거라고 생각하신다.
이 식당엔 전화를 해보고 찾아가야 한다. 문을 열지 않는 때도 있기 때문이다.

준비 사항

등산복, 등산화(운동화), 윈드재킷, 태양모, 스틱, 간식, 생수, 상비약. 가파른 등산길을 걸을 수 있으니 무릎이 좋지 않다면 무릎보호대도 준비하는 것이 좋다.

37

상림

주소
경남 함양군 함양읍 고산리

연락처
055-960-5756

➡ 경상도 함양의 위천은 해마다 장마 때면 범람했다. 누군가는 때가 되면 범람하는 게 당연하다고 생각했을 것이고 또 어떤 이는 어떻게 하면 피해를 보지 않을 수 있을까 고민했을 것이다. 함양의 군수로 지내던 최치원 선생은 범람으로 인한 피해에 대해 새로운 아이디어를 제시했다. 그 제안은 위천 주변에 나무를 심어서 뚝방이 무너지는 것을 막는 방법이다. 그래서 쉽게 범람하는 곳 세 군데에 나무를 집중적으로 심었다. 이는 천년 전 이야기다.

나무를 심은 자리는 숲이 되었고 지금은 함양 사람들의 휴식처가 되었다. 천년의 숲은 오늘날 더위를 식혀주고, 따스한 햇살이 비치는 봄에는 아이들과 돗자리를 펴고 하루종일 쉬기도 하며, 가을에는 단풍을 즐길 수 있는 곳이다.

추천 일정

10:30	함양 상림공원 도착, 상림공원 산책
12:30	상림공원 인근 점심식사 (늘봄가든의 오곡밥 정식)
13:30	상림공원 출발
14:30	복성이재 도착, 봉화산 철쭉 군락지 산책
	복성이재 – 치재 – 주차장
17:00	주차장 출발

가는 길

88고속도로를 타고 함양나들목에서 함양방면으로 향하면 상림숲 주차장에 도착할 수 있다.

5월의 상림

5월의 상림은 찬란하다. 상림에는 120여 종의 나무가 자라고 있다. 인공숲이어서 활엽수, 침엽수 등이 함께 자란다. 수많은 종류의 나무들이 새싹을 터트린다. 나무의 간격은 좁디좁아 더욱 싱그러워 보인다. 상림은 99,200㎡에

근처의 즐길 것
지리산 오도재
지리산길
봉화산 철쭉

먹거리
함양 흑돼지
오곡밥 정식

1.6km의 둑을 따라 조성되어 있으며 숲 사이사이에 산책할 수 있게 길이 잘 닦여 있다. 나무 사이로 들어오는 햇살에 나뭇잎을 비춰보면 최고의 초록을 볼 수 있을 것이다.

7월의 상림

상림군수는 상림 주변 1.6km의 논에 연꽃을 심었다. 그리고 연꽃공원을 조성했다. 우리나라 연꽃 전부와 외래종까지 한자리에 옮겨놓았다. 상림숲을 중간으로 한쪽은 위천이 흐르고 한쪽은 연꽃이 피어 있다. 위천은 계곡과 같아서 한여름에도 시원한 기운이 있다. 상림숲 나무그늘에 돗자리를 펴고 가만히 누워 있으면 시원한 바람이 불어 무더위를 피할 수 있으며, 화려하고 키가 큰 연꽃들의 향연까지 볼 수 있다.

9월의 상림

천년의 역사가 있는 상림나무 사이사이에 상사화를 심어놓았다. 초록색과 빨간색이 이렇게나 잘 어울렸나. 상사화의 최고 적지라고 생각한다.

11월의 상림

상림의 클라이맥스다. 상림의 낙엽 길은 너무나도 아름답다. 산책로를 향해 굽어져 있는 나무들과 그 나무들의 화려했던 단풍은 가고, 떨어져 있는 낙엽 길을 걸을 때가 가장 가슴 설렌다. 특히 아무도 없는 이른 새벽, 물안개 낀 상림숲과 낙엽 길. 이 길을 걸으면 이 숲이 나만의 숲인 것 같은 착각에 빠져든다.

상림의 다람쥐

상림의 어떤 남성이 티브이에 나왔다. 매일같이 다람쥐를 불러서 먹이를

준다며 말이다. 상림을 좋아하는 나는 그 방송을 유심히 보았다. 그런데
정말 신기하게도 다람쥐들이 도망가지 않고 애완동물인 양 아저씨에게
가 먹이를 얻어먹는 것이 아닌가. 함양을 찾았을 때에 방송에 출연한 아
저씨를 찾아 만나뵈었다.

"저 혹시 티브이에 나온 분 맞죠?"

"허허, 어떻게 아셨어요?"

"정말 다람쥐가 오나요? 궁금합니다."

"그럼요. 자, 보여드릴게요. 저기 건너편 의자에 앉아서 조용히 계세요."

숨을 죽이고 기다렸다. 얼마 후 정말 다람쥐가 나타났다. 그리고 먹이를
주려는데 다람쥐 한 마리가 그냥 지나치는 것이 아닌가. 아저씨를 보고
온 것이 아니라 그냥 지나가는 중인 것 같았다. 기대를 가지고 또 기다렸
는데, 또 다람쥐가 온 것이 아닌가.

"쉿."

숨죽여 기다렸는데 다람쥐는 아저씨 근처에
서 서성이다 또다시 그냥 가버리는 것이
었다.

"거기 청년이 자꾸 시끄럽게
해서 그래. 먹으려다 도
망가잖아."

먹이 먹는 모습을 보려
고 한참을 기다렸지만
결국 그날은 먹이를 먹는
다람쥐의 모습은 보지 못했다. 지
금 생각해보면 그냥 천년의 숲에 다람쥐
가 많이 살 뿐인 것 같다.

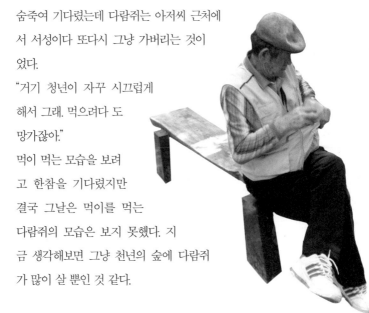

개평마을

함양 최고의 한옥마을이다. 일두 정여창 선생의 고택을 필두로 하동 정씨의 집성촌이기도 하다. 마을은 조그맣다. 마을 사이에 조그만 실개천이 흐르고 언제나 조용하고 여유롭고, 왠지 모를 풍요로움을 갖게 된다. 정여창 선생은 '나는 벌레보다 작은 미물이다' 하여 호를 일두라고 지었다고 했다. 이 마을에 들어서면 그런 느낌이 자연스럽게 들 것이다. 이 넓은 기운과 포근함으로 자신은 그렇게 대단한 사람이 아닌 대자연에 공생하는 하나의 미물일 뿐이라는 느낌.

38

예천 용궁

에코 여행이라고 하면 어떨까. 예천의 의성
포는 자연적으로 가치가 높은 곳이다. 회룡포
라고도 알려져 있다. 내성천이 350도로 마을을
둘러 흐르는 희한한 지형의 마을이다. 한 삽만
푸면 섬이 될 것 같은 그런 곳이다.

회룡포의 강가는 다른 지형과 또 다르게 백사
장이 형성되어 있다. 바닷가의 모래보다 더 곱
다. 비룡산이 있는 장안사 쪽으로 올라가면 전
망대에 금방 도달할 수 있다. 전망대에서 내려
다보는 회룡포 전망이 압권이다. 진짜 한 삽 푸
고 싶은 욕심이 생길 정도다.

가는 길

중부내륙고속도로 점촌나들목에서 안동 방향으로 국
도34호선을 타고 924번 지방도로를 이용해 용궁으로
향한다.

주소
경상북도 예천군 용궁면

연락처
054-653-6126
(단골식당)

근처의 즐길 것
장안사
삼강주막
용문사
용궁 시내 옛 거리

단골식당

단골식당은 작지만 예천, 영주, 점촌에서 제일 잘나가는 식당이다. 용궁 장터 안에 있으며 오일장에 오는 사람들을 위해 순댓국을 판다. 순댓국 과 매콤하게 만든 오징어불고기, 돼지불고기를 주로 파는 가게이다. 음식 을 하시는 마음과 그 맛이 변하지 않는다. 순댓국은 따로국밥과 국밥으 로 나눠서 판다. 이곳에서 따로국밥을 시키는 것을 개인적으로 좋아한다. 순댓국은 이름난 순댓국집과는 차원이 다르다. 돼지 냄새는 전혀 나지 않 고, 할머니가 끓여주시는 진국의 국물도 맛볼 수 있다. 이 집의 오징어불 고기와 돼지불고기가 압권인데 연탄불로 직접 구워서 주는 게 특이하다. 굽는 요령도 있겠지만, 양념을 어떻게 만들어야 그런 맛이 나는지 알 수 가 없다. 먹어보지 않고서는 표현이 안 된다. 이 집은 이제 사람들이 줄을 서서 기다릴 정도로 알려져 있다. 단체 예약은 받지 않는다.

뽕뽕다리

회룡포마을로 들어갈 때는 구멍이 뚫린 허름한 철다리를 건너야 한다. 공사장에서 쓰이는 구멍 뚫린 철판 다리인데 물이 차면 퐁퐁거린다고 하여 그 다리를 이 동네에서는 퐁퐁다리라고 명했으나 아버지와 취재를 간 동아일보 조성하 국장님이 뽕뽕다리라고 잘못 표기하여 신문에 기재했다. 그 기사는 베스트가 되었고, 그 다리는 지금 뽕뽕다리로 명칭이 바뀌었다. 회룡포마을 입구의 안내판에도 이렇게 적혀 있다. '원래는 퐁퐁다리인데 한 신문에서 뽕뽕다리로 잘못 표기하여 지금은 뽕뽕다리가 되었다.'

용궁 양조장

예천 용궁은 옛 모습을 그대로 간직한 순박한 고장이다. 용궁 양조장 건물도 60년 전에 사용한 벽돌 그대로 아직까지 굳건히 남아 있다고 한다. 건물 안에서 양조장의 물건들을 볼 수는 없지만 들어가보면 좋겠다. 드라마 세트장처럼 만들어놓은 곳이 아니어서 확실히 옛 흔적들을 찾아볼 수 있을 것이다.

용궁 재래시장

재래시장의 모습도 옛날 그대로를 간직하고 있다. 시장제유소를 찾아가보기를 바란다. 기름을 짜는 곳인데 제유소 간판을 보면 옛날의 느낌을 바로 알 수 있을 것이다. 옛날에 영화 포스터를 그리던 분이 만들어준 간판이라고 한다.

'아무데나'라는 식당도 있다. 그 말이 이상하게도 곱게 느껴졌다. 그 이유는 이 마을에 들러본 자라면 알 수 있을 것이다.

회룡포마을로 가는 길에 있는 곳이니 차를 잠시 세우고 마을을 둘러보기를 추천한다. 이런 따스함이 마음에 들어 이 마을에 머무르다 해가 질지도 모르겠다.

39

울릉도 나리분지

주소
경상북도 울릉군 북면 나리

연락처
무릉교통 054-791-8000

→ 화산섬인 울릉도엔 분화구안 마을이 있다. 분지라고 하는 마을이지만 사실은 분화구 속 마을이다. 수억 년의 세월이 흐른 지금은 푸르다 못해 눈부신 숲이 되었다. 분화구였던 땅에 흙이 쌓이기 시작했고, 그 흙이 단단해지면서 풀과 나무가 자라기 시작했을 것이다. 그런데 어느 날부터 사람이라는 방해꾼이 들기 시작했다. 집터와 밭을 만들기 위해 땅을 팠을 것이고, 해가 없는 풀들은 뽑아서 먹기 시작했을 것이다. 사람의 때가 타기 시작했다는 표현이 맞을지 모르겠지만, 자유롭게 자라던 풀들이 지금은 해방꾼에게 살아낼 자리를 빼앗기고 있는 것일지도 모른다는 생각이 강력하게 드는 곳이 바로 나리분지이다.

가는 길

묵호/강릉/포항/후포에서 배를 타고 울릉도로 향한다.

스쳐지나갈 수 없는 나리분지

울릉도를 여행하려고 울릉도 내에서 진행하는 여행사 패키지 버스관광을 이용하는 경우가 많다. 울릉도 지리를 잘 모르기 때문이다. 울릉도 여행은 육로관광이라 하여 두 가지 코스로 나뉜다. 첫번째는 남동쪽에 있는 도동항에서 시작을 하여 남쪽을 거쳐 북쪽 천부를 지나 나리

분지까지 관광하는 코스다. 천부에서 내수전, 저동이란 곳을 제외하고는 전부 일주할 수 있다. 두번째 코스는 도동항에서 시작하여 저동항, 내수전 전망대까지 둘러보는 일정이다. 울릉도에는 일주 도로가 완공되어 있지 않기 때문에 버스여행의 코스들이 이렇다.

그래서 나리분지까지 가는 경우는 첫번째 육로관광 코스로 여행할 때에만 갈 수 있다. 개별적으로 차를 렌트하거나 큰마음을 먹고 개인적으로 가지 않는 이상은 나리분지를 제대로 관광할 수 없다. 육로관광은 나리분지의 투막집과 너와집을 보고 잠깐의 자유시간을 갖고 다시 버스를 타야 하는 아쉬움이 있다. 잠깐 스쳐지나가기에 나리분지는 너무 아쉬운 곳이다.

섬목해안도로

천부마을에서 나리분지로 올라가려면 천부에서 북면의 섬목, 관음도 가는 길까지 꼭 추천한다. 울릉도에서 바다 색깔이 가장 예쁜 곳이다. 삼선암도 육로관광 도중에 볼 수 없다. 단, 이곳은 비가 오거나 바람이 많이 부는 날에는 낙석의 위험이 높은 곳이기 때문에 가지 않길 바란다.

석포전망대에서의 일몰

석포전망대는 일반적인 관광코스에는 포함되어 있지 않다. 그러나 일몰의 최고 명당이다. 섬목해안도로와 송곳봉을 볼 수 있다.
주차장이 따로 없어 협소하니 간이 화장실 근처에 차를 주차해야 한다. 그리고 20분 정도 길을 따라 걸어 올라가면 정자가 있고, 그곳에서 일몰

을 봐야 경치가 제일 좋다. 단, 일몰을 보고 다시 숙소로 가는 길의 운전
은 필히 주의해야 한다.

해질녘 수층교의 전경

수층교는 해안도로가 생기면서 생긴 도로이다. 수층교는 좁은 8자 모양
으로 되어 있다. 수층교를 해질녘 즈음에 통과하게 되면 아름다운 길과
바다의 어우러진 모습을 볼 수 있다. 사진을 좋아한다면 차들이 지나가
는 길을 장노출하여 찍어도 예쁘다.

성인봉 등반

대표적인 코스가 도동에서 올라 성인봉을 찍고 회귀하는 코스이다. 하지
만 도동에서 오르는 길은 대원사 입구에서부터 등산로까지 올라가는 길
이 시멘트이며 가팔라 쉽게 지치기도 한다. 약 5~6시간 정도 예정하면
다녀올 수 있지만 개인적으로 나리분지에서 오르는 코스를 추천한다.
나리분지에서 성인봉으로 오르는 길은 도동에서 오르는 것보다 훨씬 쉬
우며, 천연림으로 오르는 길이라 오르는 내내 힐링을 하며 걸을 수 있다.
한여름에도 시원한 바람을 맞으며 산행할 수 있다. 다만 화산섬이다보니
정상까지는 오르막과 내리막이 반복되지 않고 쭉 오르막길로 되어 있다.
신령수를 지나고 나서부터는 1,500여 개가 넘는 계단을 올라야 성인봉에
도착할 수 있다. 예전에 계단이 없을 때는 이보다 수십 배 힘들었던 길이
니, 예전보다 쉽다고 생각하며 한 계단 한 계단 오르길 바란다. 성인봉에
올라 전망대까지 보고 도동으로 내려오면 최고의 성인봉 코스를 밟은 것
이라 할 수 있다.

내수전 옛길

내수전 옛길은 섬목이란 곳에서 내수전까지 이어진 아주 오래된 옛길이다. 그 없어져가는 길을 둘레길로 만들어놓은 숲길이다. 저동을 지나 내수전 일출전망대에서 시작하는 길이며, 안용복 기념관까지 갔다가 원점으로 회귀해야 한다. 길은 산책로 같고, 주변은 숲으로 이루어져 있다. 마치 제주도의 곶자왈을 걷는 것 같기도 하고, 쥬라기공원에 있는 듯한 기분도 든다. 석포까지 약 3.4km 정도이며 왕복으로 2시간 정도 소요된다.

나리분지 나리촌 산채비빔밥

나리분지의 산채비빔밥 또한 그 맛이 으뜸이다. 나물밥이라고 해서 여러 곳에서 팔기는 하지만 울릉도에서 산채비빔밥 하면 제일 먼저 떠오르는 곳이 나리분지다. 비빔밥에 들어가는 나물은 고비, 취나물, 삼나물잎, 엉경퀴, 미역취, 부지갱이 등. 엉경퀴국이 나오는데 울릉도의 엉경퀴엔 가시

가 없다. 밑반찬으로도 산부추장아찌, 부지갱이, 취나물, 부지갱이장아찌, 더덕, 전호 등이 차려진다.

해산물 및 회

울릉도에서 회를 먹으려면 저동으로 가야 한다. 회의 상태는 물론 최고다. 그렇다면 분위기 좋은 곳에서 먹어야 할 것. 조그만 항인 저구항에는 10여 개 정도의 가판이 열린다. 그곳에는 그날 잡힌 물고기와 해산물들이 즐비하다. 흔히 바닷가 사람들은 '난장깐다'며 노상에서 회와 술을 곁들인다.

물회

저구항 위판장에 오래된 횟집이 있다. 그 집 이름은 '싱싱횟집'. 물회는 포항의 물회도 맛좋고, 동해의 물회 맛도 좋고 유명하다. 하지만 울릉도 싱싱횟집의 물회를 맛보는 순간 내가 먹어본 물회중 최고가 아닌가 하는 생각이 들었다. 거침없이 쌓여 있는 회에 야채도 듬뿍. 그리고 직접 만들어 주신 물회의 육수, 약간의 약초맛도 나고 과일맛도 난다.

오징어 내장탕

말 그대로 오징어 내장과 야채로 맑은 국물의 탕. 매콤하면서 시원한 맛이 일품이다. 울릉도 들어올 때 뱃멀미로 울렁이는 속을 한방에 날려줄 만한 음식이다. 오징어 내장탕은 도동항에 있는 '다애식당'이 맛있다.

따개비밥

따개비는 몸길이 10~15mm정도의 바닷가 암초나 말뚝, 해안 갯바위 등에 붙어서 고착생활을 하는 갑각류이다. 몸은 산자 모양의 딱딱한 석회

질 껍데기로 되어 있다. 울릉도와 제주도에 많이 나는데 울릉도에서는 이 따개비로 국수나 비빔밥을 만든다. 비빔밥은 밥과 함께 삶아준 다음에 양념간장에 비벼먹는다. 따개비밥은 도동항에 있는 '우성식당'이 잘한다.

약소

울릉도에서 일은 안 하고 약초만 먹고 자란 소를 약소라고 한다. 울릉도는 지형이 너무 가팔라서 소도 일하기 힘든 밭들이다. 또한 울릉도에는 산짐승들이 없어 산나물이나 약초가 잘 자란다. 그런 약초를 먹고 자란 소고기가 유명하다. 마블링에만 신경 쓴 일반 한우보단 조금 질긴 듯하지만 고소함은 그 이상이다. 1인분에 2만 5천 원~3만 원 정도 하고 저동 쪽에 식육식당이 많다.

해안도로

렌터카 여행을 할 경우 해안도로만 이용해야 한다. 우선 울릉도에서는 내비게이션이 필요 없다. 해안도로의 길은 단 하나뿐이다.

울릉도의 길은 보통 경사가 30도 이상이라고 생각하면 된다. 해안도로가 아닌 다른 길로 가면 아마 길의 끝이 하늘로 보이는 경우도 있고 내려가는 길은 경사가 너무 심해 다리가 후들후들 떨릴 때가 많다. 그래서 울릉도 길에 익숙하지 않은 분은 해안도로로만 다니는 게 좋다.

단, 해안도로는 일주가 되지 않는다. 섬목이라는 곳에서 저동까지의 길이 아직 개통되지 않았기 때문에 렌터카로 숙소에서 출발을 해서 다시 숙소로 돌아와야 한다는 점을 감안하면 된다.

주차

울릉도에 렌트카 보급이 오래된 것이 아니기 때문에 렌터카를 이용한 다음 주차장이 없어 불편하다. 워낙 좁은 섬이기 때문에 여유가 없다. 항 근처에 주차할 곳이 많다. 하지만 바닷가 가까이 주차한다면 큰 파도가 밀려왔을 시에 위험하니 날씨도 잘 확인해야 한다.

주유

주유소는 도동과 저동 그리고 태하에만 있다. 기름이 떨어지지 않게 미리미리 준비해야 한다.

전라도

40

내장산 반월마을

주소
전라북도 정읍시 내장동

⊙ 가을 단풍의 1번지 내장산의 옛길을 따라 호젓이 걸어보기를 권한다. 내장산은 대한민국에서 단풍관광지로 손에 꼽히지만 사실 그 단풍길을 '호젓이' 걷는 쉽지 않다. 왜냐하면 단풍이 절정에 이를 때 관광객 수도 함께 절정을 맞기 때문이다. 내장산 국립공원 일대는 그야말로 전쟁터를 방불케 한다.

사람 구경이 아닌 단풍 구경을 하려면 추령재에서 곡두재로 이어지는 옛길로 가보기를 추천한다. 반월마을에서 곡두재를 넘어 백양사로 가는 길도 있다. 이 옛길은 차 없이 걸어갈 수 있는, 아는 사람만 아는 숨겨진 루트이다.

내장산에서는 '아기단풍'이라 불리는 아기 손바닥만한 이파리의 단풍나무를 쉽게 찾아볼 수 있다. 단풍이 유난히 진하고 고울 것이다.

추천 일정

12:00	내장산 추령(단풍재) 도착, 점심식사 (청국장 백반)
12:30	내장산 옛길 트레킹
	코스 : 추령 – 유군치 – 대통령공원 – 옥정삼거리 – 양림저수지 – 봉산제각
	– 덕흥마을(팔각정) – 백양사 쌍계루 – 백양사 주차장 (약 4시간)
16:30	백양사 주차장 출발

가는 길

호남고속도로를 타고 백양사나들목에서 국도1호선을 타고 백양사 방향으로 향한다.
북하면 백양사 입구에서 891번 지방도로를 타고 반월리 방향으로 가면 된다.

옛길

사람들에게 떠밀리는 단풍놀이가 아니라 1970년대의 길을 걷고 싶어서
트레킹 코스를 만들었다. 양양의 구룡령 옛길이나 정선의 비행기재 옛길
처럼 사람은 없고 추억은 가득한 길처럼 말이다. 이는 지리산 둘레길이
나오기 전에 최초로 개발된 내장산 트레킹 코스다.
백양사와 내장사는 내장산 국립공원에 자리한 양쪽 사찰로, 단풍으로 널
리 알려진 국민 관광지이다. 호남고속도로가 건설되기 전인 1970년대는
서울에서 이곳을 구경 가려면 하루 숙박을 생각해야 했다. 백양사와 내
장사를 둘러보는 사이 밤에 숙박을 하는 것이 대부분의 여행객들의 일정

근처의 즐길 것
내장사
백양사
장성새재
갓바위

먹거리
신태인 백학정 떡갈비탕

이었다. 간혹 이 코스가 싫은 산악인들은 백양사, 서래봉, 장군봉을 거치는 코스로 당일 여행을 준비하기도 했다. 이는 간단히 등반할 수 있는 코스이다.

예전에는 돈 있는 사람만 백양사와 내장사에 관광버스를 타고 들어갔고, 돈이 없는 사람은 그 길을 걸어서 갔다. 승용차가 흔하지 못했던 시절이었고 길마저도 너무 좁아 운전에 큰 배포를 가진 자가 아니라면 쉽게 지나다니지도 못했다.

내장산 동남쪽 고개인 추령 아래 주차장에 차

를 세우고 트레킹을 시작하면 좋다. 30분쯤 걸어 능선 위로 올라서면 정면으로는 서래봉이, 왼편으로 장군봉과 신선봉이 보인다. 내장산의 주요 봉우리들을 지나 능선을 따라 걸으면 임진왜란 때 왜적을 유인해 물리친 곳인 유군치가 나온다. 이곳에서 왼쪽으로 방향을 틀어 내장산을 내려온다.

덕흥마을을 지나 곡두재까지 한적한 시골 마을을 끼고 계속 걷다보면 백양사가 훤히 내려다보인다. 아기단풍이 빨갛게 절정을 이루는 곳이라 눈도 마음도 바쁘다. 이렇게 백양사를 내려오면 약 4시간의 트레킹이 마무리된다.

인파에 치이지 않고 백양사에 쉽게 닿을 수 있을 뿐만 아니라 논두렁, 밭두렁과 같은 마을 정경을 바라보며 걸을 수 있기 때문에 훨씬 여유로울 수 있다. 곡두재가 입산 금지되어 구암사에서 학바위로 가는 코스를 개발하여 새길로 다니고 있다.

41

흥부마을

주소
전라북도 남원시 아영면 성리

➔ 5월, 봉화산을 걸으면 온종일 철쭉 향기에 취할 수 있다. 장수 번암면과 남원 아영면에 걸쳐 있는 봉화산은 철쭉의 군락지이다. 5월 초에서 중순이면 산 전체가 참철쭉으로 둘러싸이고 사람 키보다 높게 자란 철쭉밭이 생긴다. 철쭉의 색깔은 현란하고 화려하다. 봉화산 철쭉은 색깔이 붉고 선명한 게 특징이다. 게다가 키도 유독 커서 황홀경 같은 철쭉꽃 터널을 만들기도 한다.

누구나 아주 쉽게 정상에 올라갈 수 있어 복성이재에서 시작해서 20여 분 만에 치재까지 올라갈 수 있다. 오르막길도 있지만 그리 걷기 힘들지 않다. 깍아지는 듯한 오르막이 아닌 은근한 오르막이다. 정상에서 내려다본 철쭉 군락

추천 일정

11:30	정여창 고택 도착
12:00	정여창 고택 출발
12:30	함양 상림 도착, 점심식사 (오곡밥 정식)
13:00	천년의 숲 상림 산책
14:00	상림 출발
15:00	봉화산 도착
	코스 : 복성이재 - 철쭉 군락지 - 주차장 (약 1시간 30분)
17:00	주차장 출발

흥부마을

지는 예술이다.

철쭉 군락지 사잇길이 있어 그 길로 사람이 지나다닐 수 있다. 만개 시기는 5월 초에서 중순까지로 예상하면 된다. 철쭉 군락지에서는 15분이면 하산한다.

꽤 높은 곳까지 차를 타고 올라갈 수 있어 산행이 버거운 노약자도 쉽게 꽃구경을 할 수 있다. 철쭉 군락지로 태백산, 지리산 바래봉, 소백산 등을 꼽지만 그곳들은 올라가기 힘들다는 단점이 있다.

철쭉

봉화산 철쭉을 처음 보러 갔을 때의 일이다. 철쭉 군락지가 모여 있는 능선인 치재라는 곳에는 2m 정도 되는 쪽 파인 골이 있는데 워낙 철쭉이 높게 자라 앞이 잘 보이지 않았다. 나는 그룹을 이끌며 선두에서 걷고 있었는데 때마침 비가 왔다. 몸을 구부려 철쭉을 헤치면서 앞장을 섰고

내 뒤에 40명의 일행이 따라왔다. 그러다가 나는 기어코 발을 잘못 디뎌 치재에 있는 낭떠러지로 떨어지고 말았다. 으악 하고 정신을 못 차린 것도 잠시, 곧이어 40명이 한 명씩 줄줄이 떨어지는 것이 아닌가. 떨어진 자리에서 다 같이 머드팩을 했다며 한바탕 웃고 말았다. 현재 그곳엔 다리가 놓여 있다.

똥돼지를 키우는 마을

봉화산을 제대로 즐기려면 복성이재부터 봉화산 정상까지 완주를 해야 한다. 이 코스를 넘으면 함양군의 대안리마을이 나온다. 오지에서 똥돼지를 키우는 마을이다.

근처의 즐길 것
함양 상림
지리산 길
바래봉 철쭉
남원 광한루
(황희 정승이 남원에 유배되었을 때 지은 누가 있다. 《춘향전》의 무대로 널리 알려진 곳으로 넓은 인공 정원이 주변 경치를 한층 돋우고 있어 한국 누정의 대표가 되는 문화재 중 하나이다.)

먹거리
함양 상림의 오곡밥 정식
함양 흑돼지

등반을 마치고 내려오는 어느 비 오는 날의 일이었다. 주변에 가게도 없고 배는 고프고 해서 마을을 둘러보았다. 어느 할아버지가 마루에 혼자 앉아 계셨다. 함께한 대원들이 비를 맞고 추위에 떠는 것을 보고만 있을 수가 없어 할아버지께 말을 걸었다.

"죄송하지만 드시다 남은 소주가 있다면 파시면 안 될까요?" 할아버지께서는 막소주 됫병을 건네주셨다. 대원들과 소주를 나눠 마신 뒤 할아버지께 5,000원을 건네며 "이것만 드려도 될까요?"라고 여쭈니 막 화를 내시길래 만 원짜리를 건넸더니 더 큰 화를 내셨다. 돈을 건네는 것 자체에 화가 나셨던 것이다.

그렇게 내가 시골 인심에 감동받는 동안 화장실에 간 여자 대원들이 갑자기 소리를 지르고 난리가 났다. 놀라서 뛰어가보니 화장실 밑에 돼지가 우글우글거리고 있었던 것이다. 시골 오지에서만 겪을 수 있는 훈훈하고 재미있는 경험들이 아닐까 싶다.

42

계화도

주소
전라북도 부안군 계화면

연락처
063-583-1895
(현대수산횟집)

→ 계화도는 오래전에 변산반도의 외딴섬으로 부안과 군산 사이에 있는 작은 섬이었다. 이들의 주된 업은 당연지사 어업이다. 1963년 계화도엔 동진면을 잇는 방조제가 생겼고 육지화되었다. 간석지는 농경지로 변모되었지만 평생을 어부로 살던 이들은 더는 섬이 아니게 된 곳에서 어부로 생활해야 했다. 세월이 흘러 그 많던 횟집은 점차 문을 닫았고 현재 두어 집 정도가 남아 있는 것으로 알고 있다. 내가 찾은 곳은 현대수산횟집이다. 섬의 싱싱한 회를 많은 양과 싼값에 맛볼 수 있다. 변산반도 국립공원의 속살을 볼 수 있는 변산마실길도 꼭 걸어보기를 추천한다. 또한 근처의 적벽강, 수성당, 채석강, 격포항 등에 들러보는 것도 좋은 여정이 될 것이다.

추천 일정

11:30	부안 계화도 도착, 점심식사 (활어회)
12:30	계화도 출발
13:00	변산마실길 도착
	코스 : 고사포해수욕장(송림) – 적벽강 – 수성당 – 채석강 – 격포항
	(약 8km, 2시간 30분)
	물때(밀물, 썰물)에 따라 코스를 변경해야 하기도 하니 유념하길 바란다.
16:00	격포항 출발

가는 길

서해고속도로 부안나들목에서 국도30호선로, 변산반도국립공원 쪽으로 향한다. 외곽도로가 생겼다. 중간중간에 계화로 향하는 이정표가 많지만 그곳으로 들어가면 복잡하니 하서라는 곳을 지나서 705번 지방도로가 연결되는 곳으로 들어가면 보다 쉽게 갈 수 있다. 계화 읍내에 들어가면 현대수산횟집이 보인다.

현대수산횟집

이 집에선 회를 절대 아끼지 않는다. 얇게 썰지도 않고 천사채샐러드로 접시 바닥을 채우지도 않는다. 그냥 두껍게 듬성듬성 썰어서 덥석덥석 접시에 올려놓는다. 20,000원(小), 25,000원(中), 30,000원(大) 순이다. 매운탕도 포함되어 있다. 섬에서 먹는 맛 그대로다.

사장님의 남편이 어부이기 때문에 싼 가격에 많은 양을 내어주고 있다. 고기는 어렵게 잡히는 것도 아니고, 그럭저럭 잡힌다고 한다. 이제는 아들이 대를 이어서 어부로 살고 있다.

43

조계산 굴목재

주소
전라남도 순천시 승주읍
죽학리

→ 순천의 조계산. 높이는 900m 조금 안 되는 산이지만 이 산의 기운은 남다르다. 조계산 정상을 기점으로 서쪽에는 3대 사찰 중 승보사찰인 송광사가 있고, 동쪽에는 태고종의 본산인 선암사가 있다. 어떠한 기운이 흐르는 터길래 거찰이 두 개나 자리잡고 있는지. 기운이 남다른 조계산에는 선암사에서 송광사로 넘어가는 아주 오래된 옛길이 있다. '조국순례길'이라고 부르기도 하고 '굴목이재길'이라고 부르기도 한다. 멋진 바위와 풍광이 그리 좋은 산은 아니지만 이 산이 주는 기운을 받을 수 있는 길이다. 오르막을 오르고 나면 숨을 고를 수 있게 내리막을 주고, 조그만 외딴 보리밥집이 꿀맛을 선물해주기도 한다.

단풍이 나무에 매달려 있을 때만 예쁜 것이 아니라 진 단풍잎들도 예쁘다는 걸, 그리고 흐리게 비가 오는 길도 아름다울 수 있다는 걸 알려주는 길이다. 늦은 가을 그리고 비가 오는 날이면 걷고 싶어진다.

313

추천 일정

11:30	순천 선암사 입구 도착, 점심식사 (남도 가정식 백반)
12:00	식당 출발
12:30	선암사 도착, 굴목치 단풍 트레킹
	코스 : 선암사 – 큰굴목재 – 보리밥집 – 송광굴목치 – 대피소
	– 토다리 – 송광사 (약 6.5km, 3시간 30분)
16:30	선암사 출발

가는 길

호남고속도로 승주나들목에서 승주시내로 가고, 857번 지방도로를 타고 선암사 방향으로 향한다. 차는 선암사에 주차하면 된다.

굴목재

봄에도 늦가을에도 걷기 아주 좋은 길이 있고, 태고종의 본산인 선암사에서 승보사찰 송광사로 넘어가는 길도 좋다. 초반에만 힘을 조금 들이면 몸이 치유되는 기분이 들 정도로 좋은 길을 걸을 수 있다.

가을이면 선암사 사찰 여행이 아닌 조국순례길이라는 상품을 내놓는다. 아버지는 기절초풍하게 좋은 길이 있다며 이른 새벽에 나를 깨워 순천으로 향했다. 아버지는 숙박을 생각하고 답사를 가는 경우가 거의 없었다. 아무리 멀리 간다고 해도 새벽 4시에 나를 깨워 차 안에서 자라며 출발하셨다.

조국순례길로 가면 조계산이라는 한 산에서 거찰 두 개를 볼 수 있다. 하

나는 선암사, 또다른 하나는 송광사이다. 승보
사찰이 무엇이고, 태고종이 무엇인지 아버지는
신나게 설명하셨지만 난 별로 귀기울여듣지 않
았다. 진일기사식당이라고 정말 맛있는 김치찌
개를 하는 집이 있음에도 굳이 밥을 먹지 않고
출발을 해서 나는 약간 뿔이 나 있었다. 금강
산도 식후경이니 진일기사식당을 찾은 후 길을
걷기를 권한다.

등산화 끈을 조여맨 다음 조국순례길을 향해
갔다. 편백나무숲이 우리를 맞이했다. 큰굴목재
로 올라가는 가파른 길이 나 있다. 이 길 중에
서 가장 힘든 구간이 아닌가 싶다. 계속해서 가

근처의 즐길 것
금둔사
낙안읍성
송광사

먹거리
진일기사식당

파른 길로 넘어갔고, 큰 굴목재에 도착한 후 바로 내리막으로 내려갔다. 한 10분쯤 내려가니 굴뚝에서 김이 모락모락 나는 작은 외딴집이 보였다. 보리밥집이다. 아버지는 여기서 밥을 먹으려고 일찍이 먹지 않은 거라하시며 보리밥으로 허기를 채웠다. 정말 꿀맛이 나는 보리밥과 가마솥에 끓인 누룽지로 숭늉을 먹었다. 그제서야 주변의 숲이 보이기 시작했다. 아침식사를 했더라도 꼭 들러 배를 채우길 권한다.

보리밥집을 지나 송광굴목재까지의 길은 그리 험하지 않다. 휘파람을 불며 걷게 만드는 기분좋은 길이다. 송광굴목재를 지나 송광사까지는 계곡길로 이어진다. 약간의 내리막길도 있고, 영원히 나오고 싶지 않은 숲도 있고, 졸졸 흐르는 계곡길도 있어 나를 완전하게 힐링시켰다. 해발 1,000m도 안 되는 작은 조계산에 두 개나 있는 거찰 덕분인지 그 기운을 힘껏 받아온 기분이 들었다.

다녀온 사람들도 초반에는 욕이 튀어나올 정도로 힘들었지만 다 걷고 나니 우리나라에서 최고로 걷기 좋은 길이었다 한다. 운동을 하지 않는 분들이 오셔서 돌아갈 때는 예정 시간보다 한 시간 늦게 출발하는데도 불만을 토하는 분들은 없었다. 그만큼 이 길은 사람을 기분 좋게 만드는 힘이 있는 것이 분명하다.

진일기사식당

아버지가 80년대에 호남정맥을 종주하실 때였다. 조계산을 지날 때 늦은 시간에 하산했다고 했다. 비까지 내리고 모든 대원들은 힘이란 힘은 다 빠져 허기에 시달렸다. 아버지는 빨리 하산하여 따뜻한 음식을 뭐라도 먹여야 한다는 생각밖에 없었다. 주변에 자그마한 기사식당이 보였고 그곳에 찾아가 밥 좀 해달라고 부탁했다. 영업이 끝난 시간인데도 어찌나 딱해 보였던지 아주머니는 밥을 차려주겠다고 했단다. 그리고 대원들은 모두 게눈 감추듯이 미친듯이 들이켰고 모두 그 집의 맛에 반할 수밖에 없었단다. 그후 우리는 은혜를 받은 것마냥 이 집에 자주 찾아가곤 한다. 이 식당은 김치찌개만 하는 집이었는데 그 맛이 특이했다. 프라이팬 같은 것에 물이 많지 않게 통김치를 자글자글 끓여주었고 열두 찬이 넘는 남도 음식을 내어주었다.

기자들과 함께 갔을 땐 기사를 내달라는 말도 하지 않았는데 모두 이 집을 취재해갔다. 그후 이 집은 남도음식 대표집에 뽑힐 정도로 유명해졌고 여전히 인기도 좋다.

44

월등마을

주소
전라남도 순천시 월등면

→ 월등마을은 순천의 분홍빛 마을이다. 4월 말이면 작은 마을 전체가 분홍빛으로 물든다. 복숭아나무에서 복사꽃이 마구 피어나는 것이다. 그러나 잘 알려지지 않아 많은 사람들이 찾지 못하고 그냥 지나치고 있다. 남도의 대표적인 관광지라면 선암사, 보성차밭, 순천만, 낙안읍성 등이 있지만 그보다 순천의 작은 면소재지인 월등마을을 추천하고 싶다. 복숭아 마을로 남도의 인기 있는 관광지가 되리라 믿고 있다.

추천 일정

12:00	순천 승주 도착, 점심식사 (남도가정식 백반)
12:30	승주 출발
13:00	월등마을 도착, 복사꽃 길을 따라 산책 (약 1시간)
14:00	월등마을 출발
14:30	태안사 입구 도착
	5리숲길 걷기, 태안사 절집 둘러보기
16:30	태안사 출발 (보성강 벚꽃길 경유)

가는 길

완주순천고속도로를 타고 황전나들목에서 국도17호선 순천 방향으로 향한다. 857번 지방도로를 타면 월등면에 도착할 수 있다. 구례에서 순천으로 갈 때에는 국도17호선을 타고 서순천 방향으로 간다. 그리고 승주에서 구례를 갈 때는 22번 지방도로를 타고 간다. 그렇기 때문에 옛길인 857번 지방도로를 거의 타지 않는다. 그래서 알게 모르게 깊숙한 마을이 되어버렸다.

월등마을

월등마을엔 4월 말에서 5월 초에 가야 한다. 그때 마을 전체가 분홍빛 복사꽃으로 물들기 때문이다. 월등면은 순천시의 북부에 위치하고 있고, 고지대에 자리잡고 있으며 산림 면적이 약 74%이다. 복숭아 주산지로써 많은 농가가 재배하여 고소득을 올리면서 복숭아 고장으로 널리 알려져 있다.

월등의 '월'자는 옛 장평마을(현 대평리 월평)
뒷산 옥녀봉에서 마을까지 이르는 지세가 둥
그런 달을 닮았다 하여 따왔고, '등'은 월용리
에 있는 두류봉이 선인독서형으로 생겨, 전방
1km 지점에 있는 둥그런 남두류봉을 책상 삼
아 산신이 독서를 할 때 두류봉 일부 능선 지
점에 있는 등잔 혈에 등불을 밝혀 독서를 한
형상이라 하여 가져왔다고 한다.

근처의 즐길 것
사성암
선암사
낙안읍성
순천만생태공원

먹거리
순천 일품 매우
(매실 먹인 한우)
벌교꼬막
진일기사식당

복사꽃

처음 이곳에 간 건 2006년 3월이었다. 오랜만에 어머니와 함께 가는 답사였기 때문에 기억하고 있다. 어머니는 그때 몸이 많이 좋지 않으셨다. 웬만큼 완치가 된 후 처음으로 함께하는 가족 나들이라 더 기억하고 있다. 그곳에 가면 항상 어머니와 아버지 생각이 난다. 어렸을 때부터 봐왔던 가부장적이고 무뚝뚝한 아버지가 어머니의 손을 꼭 잡고 걷는 장면이 떠오르기 때문인 것 같다. 복사꽃의 꽃말은 '사랑의 용서'이다.

여행에 미쳐서 집안을 어머니에게 맡겼던 과거, 그 때문에 어머니가 편찮으셨던 건 아닐까 하는 아버지의 마음이 용서를 구하고 있는 것 같다. 그 용서에 어머니가 그의 손을 잡아주며 괜찮다고 말해주는 것 같다. 월등마을에 붉은빛이 아닌 부드러운 분홍빛이 있는 건 사랑의 용서가 있기 때문이 아닐까.

45

도리포마을

주소
전라남도 무안군 해제면
송석리

연락처
061-454-7448
(갯마을횟집)

➡ 일출과 일몰을 한곳에서 보기 원하는 사람들에게 도리포마을을 소개한다. 서해에서 해넘이는 물론 해돋이까지 볼 수 있는 최남단마을이다. 서해에서 해돋이를 보려면 큰 만이 있는 곳이어야 한다. 만이 있는 곳은 네 곳이다. 왜목마을 동쪽의 아산만, 마량포구의 마량방파제의 비인만, 안면도의 화가마을의 천수만, 도리포의 함평만. 이 네 곳 중에서 나는 도리포마을을 소개하고 싶다.

추천 일정

23:20	경부고속도로 죽전 간이정류장 경유
05:00	도리포 도착, 해돋이, 소원 빌기, 해변 산책
08:00	도리포 출발
09:00	신안 증도 우전리 도착
	천년의 숲 모실길
	코스 : 엘도라 리조트 – 해송숲길 – 짱뚱어다리 – 주차장 (약 2시간)
10:30	주차장 출발
11:00	증도면사무소 도착
	코스 : 면사무소 – 상정봉 전망대 (한반도 지형을 조망할 수 있다.)
12:00	점심식사
12:30	증도 출발

최남단의 해제면에 위치한 마을이며 아주 작은 어촌이다. 칠산바다 쪽으로 지는 해의 모습은 장관이며, 함평만 쪽으로 뜨는 해의 모습에선 장엄함을 느낄 수 있다. 도리포는 자그마한 포구로 인근 영광군과 함평군을 경계로 하는 칠산바다와 인접해 있어 도미, 농어 등 바다낚시로 유명하다. 낚시하기에 최적의 장소이기도 하며 숭어회가 맛있는 곳으로 소문나 있다. 고려 말 도공들이 청자를 빚었던 곳이기도 하다.

가는 길

서해안고속도로를 타고 함평분기점에서 무안광주고속도로를 탄다. 현경나들목 현경에서 국도24호선, 77호선을 타고 도리포 방면으로 향한다. 무안읍에서 해제반도 중앙을 지나는 지방도로를 따라 20여 분 정도 달리면 도리포구에 닿는다.

서해에서의 해돋이

근처의 즐길 것
봉대산
원갑사
임자도
증도

먹거리
갯마을횟집의 농어와 횟감

1998년 당시에는 서해에서 해돋이를 보는 것은 정말 상상도 하지 못할 일이었다. 아버지가 서해 당진의 왜목마을을 발견하여 신문사에 제보했을 때에 기자도 믿지 않았다. 그리고 서해에서 해돋이를 볼 수 있다는 기사가 나갔을 때에 끊임없이 문의 전화를 받은 것으로 기억한다. 정말 해돋이를 볼 수 있으냐, 말이 되냐는 질문들을 퍼부었다.

지금 이곳은 서해 해돋이 마을로 대표 관광지가 되었고, 새로운 상권까지 생겼다.

수평선에서 떠오르는 멋진 해돋이를 보는 것은 힘들다. 일명 오메가 일출이라고 한다. 물론 동해에서 보는 해돋이 또한 수평선에서 떠오르는 것은 귀한 장면이다. 날씨 탓도 있을 수 있으니 운이 좋기만을 바라야 한다. 일출과 일몰 시각을 미리 확인해두는 것은 필수이다. 겨울에 보아도 그 광경은 아름답기만 하다.

46

산수유마을과
현천마을

→ 산수유마을은 사람들에게 아직까지 잘 알려지지 않은 마을이다. 마을 전체가 산수유나무로 둘러싸여 있어 예쁘고 작은 호숫가 주변으로 산수유가 피어나면 그 반영이 굉장하다. 지리산 자락의 작은 마을에서 조용한 풍광을 즐길 수 있다.

주소
전라남도 구례군 산동면 계천리

가는 길

완주순천고속도로를 타고 화엄사나들목에서 남원 방면 국도19호선을 탄다. 송평에서 현천마을 방향으로 향하면 된다.

산수유

봄은 여행업에서는 한 해의 성수기를 알리는 시기다. 바로 봄꽃 때문이다. 겨우내 움츠렸던 마음을 풀 듯 전국 방방곡곡은 상춘객으로 붐빈다. 봄을 제일 먼저 알리는 꽃은 매화다. 매화로 대표적인 곳으로 광양의 매화마을이 있다. 홍쌍리 여사가 이어온 매화단지이다. 매화를 시작으로, 그 다음이 산수유꽃 여행이다. 전라도의 대표적인 산수유마을은 구례 산동의 상위, 하위 마을이다. 지리산 자락에 있는 작은 마을로 돌담길과 흐르는 계곡물과 어우러진 산수유꽃이 아름답다.

이전엔 매화가 질 때쯤 산수유꽃이 만개했다. 그래서 매화마을 다음의 관광지로 산수유마을에 가는 것이 자연스러웠는데 요즘엔 기상온난화 때문인지 꽃들이 동시에 피어난다. 그에 따라 상춘객들의 여유도 짧아졌고, 여행사의 성수기도 짧아졌다.

아버지와 나는 좀 다른 산수유마을과 매화마을을 찾아다니기 시작했다. 하동의 먹점마을이라고 매화가 마을 전체를 둘러싼 청매실 농원처럼 상업화되어 있지 않은 곳을 찾아냈다. 산수유마을로 구례의 현천마을이란 곳을 알게 되었다. 구례 견두산 아랫마을이다. 견두산 줄기인 수지면 고평리 고정마을에 남원시 천거동 광한루원에 있는 것과 같은 호석이 고평마을 구회관 마당에서 견두산을 향하며 개머리산을 지키고 있다. 옛날에는 이 산을 호두산이라고 불러왔는데 한 마리 개가 짖으면 수백 마리가 떼 지어 짖었다. 이 개들이 짖으면 산이 울리고 땅이 뒤집힐 지경이다. 소란함은 물론 큰 화재나 호환이 자주 일어났다고 한다.

조선 영조 때 전라관찰사 이서구가 마련한 호석을 세우고 호두산을 견두산으로 개명하였다. 그후로 재난이 없어졌다는 전설이 있다. 범을 개로 바꾼 것이다. 그러한 견두산 아랫마을의 현천마을은 3월 말이면 산수유

근처의 즐길 것
육모정
지리산길 1구간

꽃으로 마을 전체를 둘러싼다. 구례 상위마을
은 산수유꽃이 필 때쯤이면 차량 정체가 심하
고 사람들로 북적인다. 하지만 이 현천마을은
조용하다. 여유롭게 마을을 거닐면서 담장 사
이에 자란 산수유꽃을 비롯해 마을 입구에 작
은 호숫가 주변으로 핀 꽃들을 보고 있노라면
마음이 차분해진다.

47

영광 구수재

주소
전라남도 함평군 해보면 용
천사길 용천사 영광군 불갑
면 불갑사를 연결하는 고개

➔ 상사화는 꽃과 잎이 평생 만나지 못한다. 꽃
대에 잎이 먼저 나기 시작하여 꽃이 필 때 즈
음 잎은 다 떨어지고 꽃이 나기 시작한다. 꽃망
울을 터트려서 활짝 필 때 즈음엔 잎이 하나도
없다. 꽃은 진한 빨간색이다. 홀로 나와 가슴이
찢어지는지 꽃잎은 갈기갈기 찢겨져 있다. 하지
만 화려하다. 또 아름답다. 그런데 아련하다. 그
래서인지 꽃들은 군락을 이룬다. 마치 상처받
은 이들이 모여서 서로를 위로하듯이 옹기종기
모여 있다.

가는 길

서해안고속도로를 타고 영광나들목을 지나 국도23호선
을 타고 영광 방면으로 향한다. 영광소방서 국도22호선
을 타고 원산삼거리를 지나 838번 지방국도를 타면 용
천사 입구에 도착한다.

추천 일정

11:00	영광 도착. 점심식사 (굴비 정식)
12:30	용천사 도착
	용천사주차장 – 용천사 – 구수재 – 불갑산쉼터 – 상사화 군락지
	– 불갑저수지 – 불갑사 – 불갑사 주차장 (약 2시간 30분)
16:00	주차장 출발

상사화 만나러 가는 길

매년 9월 초중순경 축제를 연다. 상사화를 만나러 가는 길은 멀다. 하지만 가는 길 내내 설렌다. 이유는 모르겠다. 유명한 꽃이어서 그런지 상사화를 만나러 가는 길에는 이유 없이 첫사랑이 문득 문득 떠오른다. 첫사랑은 이루어지지 않는다는 속설처럼 첫사랑을 이루지 못한 사람들이 많아서일까? 상사화를 만나러 가는 길에 사람들에게 상사화의 애틋한 사랑 이야기를 해주니 어느 노부부가 헛웃음을 짓다가 서로의 손을 꼭 잡았다.

상사화에는, 어느 스님이 한 여인을 죽도록 사랑했는데 그 사랑을 이루지 못하고 죽어서 꽃이 되었다는 유래가 있다. 그리고 상사화를 절 주변에 많이 심는 이유는 이루지 못하는 사랑이 있어도 열심히 불경 공부를 하

면 상사화처럼 끝내 마지막엔 붉은 꽃을 아름답게 피울 수 있다는 것을 보여주기 위함이라는 설도 있다.

상사화는 9월 즈음에 만개한다. 상사화를 볼 수 있는 명소로는 고창 선운사, 영광 불갑사, 함평 용천사가 대표적이다. 개인적으로 고창 선운사보다 불갑사와 용천사를 좋아한다. 용천사와 불갑사를 잇는 고개, 구수재를 넘으면서 천천히 볼 수 있기 때문이다.

우선 함평의 용천사로 가야 걷는 길이 편하다. 용천사 대웅전을 정면을 보고 오른쪽으로 가면 구수재로 가는 길이 나온다. 주차장에서 용천사 입구까지도 상사화 천지이다. 용천사에서 구수재까지는 오르막길인데 짧다. 15분 정도면 오른다. 그날 힘든 구간은 다 지난 셈이다. 길 따라 20여 분 정도 가면 또다시 정자가 나온다. 그 정자에서 불갑사 쪽으로 향하면 된다. 오늘의 메인코스는 이곳부터이다. 불갑사로 가는 계곡길은 경사가 약한 내리막이라 어려움 없이 갈 수 있다. 불갑사 주차장에서 불갑사까지의 상사화는 인공으로 심어놓은 반면 이곳은 자연에서 피어난 꽃들이다. 여기저기 탄성을 자아낸다. "우아, 여기 봐." "이게 상사화야?" 이러한 말들이 여기저기서 들리기 시작한다.

불갑사로 다가가면 저수지가 나타난다. 불갑저수지인데 잔잔한 물과 함께 어우러진 상사화는 더욱더 빛을 발한다.

법성포 굴비

영광하면 당연 법성포 굴비이다. 10여 년 전 가이드로 이곳을 갔을 때 손님들이 제발 법성포 굴비를 살 수 있게 해달라고 졸라대서 어쩔 수 없이 일정에 없던 법성포를 가게 되었다. 대형버스로 이동했기 때문에 법성포 근처 어디에 주차해야 하나 고민이었다. 법성포에 들렀고, 가장 넓은 곳이

근처의 즐길 것
영광 법성포
영광 백수해안도로
가마미해수욕장
영광 백제불교최초도래지

먹거리
법성포 굴비 (풍성한집)

보여서 그곳에 주차를 했는데 바로 그 근처 굴비집으로 모든 손님이 들어가 굴비를 구매했다. 마치 내가 그 집에 일부러 손님들을 데리고 간 상황이 된 것 같아, 혹 구매를 유도하는 가이드가 된 것 같아 뒤통수가 따가워 혼난 적이 있었다.

예전에 정동진에서는 식사를 개별로 드시라 하고 손님이 다 버스에 내리고 나서 기사님과 함께 어디로 가서 식사를 할까 고민하다가 정말 아무 식당에 들어갔는데, 우리를 몰래 보고 있던 손님들이 우리가 있는 곳으로 다 들어와서 우리가 주문한 메뉴를 그대로 주문해 먹던 기억이 떠오르기도 했다. 가이드가 공인인가보다.

충청도

48

태안해변

주소
충청남도 태안군 소원면
천리포

천리포에서 만리포까지 넘어가는 국사봉에는 해송길이 있다. 바닷가를 보며 걸을 수 있는 길이며, 누구나 쉽게 다녀올 수 있는 길이다. 천리포나 만리포에서 이른 아침 가볍게 산책하기에 좋다. 길이 다소 짧지만 모든 걸 느낄 수 있는데다가 아직까지 많은 사람이 다녀가지 않아서 사람의 흔적보다 오직 길의 매력을 느낄 수 있다.

가파르지 않은 오르막이 특징인데 길바닥은 온통 해송 낙엽으로 푹신하다. 높은 곳에 오를수록 태안반도의 모습은 훤히 드러난다. 능선길 주변에 해송들은 마치 우리에게 인사하듯 고개를 숙이고 있는 것 같다.

345

추천 일정

10:30	해미읍성 도착, 읍성 걷기, 관아 둘러보기
12:00	해미 점심식사 (우렁된장 쌈밥)
12:30	해미 출발
13:30	태안 천리포 도착, 국사봉 트레킹
	소나무숲길 따라 걷는 아름다운 산길
	코스 : 천리포 – 국사봉 – 국삼봉 – 국이봉 – 국일봉
	– 만리포해수욕장 – 만리포해변 산책 (약 2시간)
16:00	만리포해수욕장 출발

가는 길

서해고속도로 서산나들목에서 국도32호선을 타고 태안 방면으로 향한다. 만리포해
수욕장을 지나 천리포수목원을 지나고 천리포수목원 생태원에서 하차한다.

해송길

제주 올레길이 생기면서 전국 지자체 및 사단법인에서 길을 만들기 시작
했다. 지리산길과 변산 마실길 등이 대표적인데, 아버지는 그들이 만든 길
에 아버지만의 노하우를 덧붙이기 시작했다.

지리산길의 1구간이 15~20km가 된다. 하루종일 걷는 게 아니라면 걷기
힘들 거라 예상했기에 아버지 나름대로의 코스를 짜서 손님들을 모시고
갔다. 지리산길 1~3구간을 네 번에 걸쳐서 나눠 걷는 식이었다. 손님들의
반응은 나쁘지 않았다. 이미 다녀온 사람이나 개별적으로 가는 사람들도
우리가 짜놓은 좀더 다양한 코스를 소개해달라고 했다.

아버지는 태안에도 둘레길을 만들고 싶어하셨다. 지금은 태안 노을길이

있지만 그 길이 나오기 전에 본인 나름의 길을 생각하고 계신 것 같았다. 지도를 보고, 답사를 다니며 연구하시더니 국사봉이라는 능선에 관심을 가지셨다. 국사봉 등산로 입구를 찾는 것도 쉬운 일이 아니었다. 집 사잇 길로 가야만 했다. 이정표라고는 아주 오래되어 글자는 희미하게 남아 있 을 뿐이었다.

국사봉 정상까지 쉽게 오를 수 있다. 국사봉 정상에서 바라보는 풍광은 이루 말할 수 없다. 해변이 모여 있고, 신두리 해안사구도 한눈에 보이고, 가로림만도 보일 셈이다. 360도 어디를 둘러보아도 아름다운 곳뿐이다.

국사봉 다음 봉의 이름은 재미지게도 국삼봉이다. 당연히 국삼봉 다음 봉은 국이봉, 그다음은 국일봉이다. 국일봉까지 가면 만리포해수욕장으 로 이어진다. 발이 편한 길이라 걸어본 사람은 걸었던 길 중 가장 최고라 고 말하기까지 했다.

국사봉

국사봉 길을 걷고 있는데 어느 노인이 혼자서 나무로 의자를 만들고 있었다. 그러더니 우리 일행을 보고 깜짝 놀라셨다. 이 많은 사람들이 어떻게 이 길을 알고 왔냐며 놀라는 것이었다. 노인은 반가워하며 우리들에게 칭찬을 아끼지 않으셨다.

본인이 천리포수목원 원장이라고 했다. 암을 앓고 있고, 하루도 빠지지 않고 이 국사봉에 올라 솔 향도 맡고 운동도 해서 건강해지고 있다고 한다. 이 산은 낮지만 온갖 기운은 다 받아갈 수 있으니 자주 오라는 말까지 덧붙였다.

그분은 이보식 전 산림청장님이었고, 2010년에 별세하셨다. 가족묘를 만들지 말고 장례는 수목장으로 치르라는 유언을 남기셨다. 이원장님은 마지막까지 국사봉을 아끼신 것 같다.

근처의 즐길 것
천리포수목원
만리포해수욕장
신두리해안사구
두웅습지

먹거리
매운탕 및 꽃게

49

독곶마을

➲ 남해까지 느낄 수 있는 서해 독곶마을의 황금산 몽돌해변을 소개하고 싶다. 서해안임에도 바다 색깔이 에메랄드빛이다. 그리고 코끼리바위, 두더지바위 등의 기암괴석으로 둘러싸여 있다. 전남 신안의 홍도와 같은 곳이다.

주소
충청남도 서산시 대산읍
독곶리

가는 길

서해고속도로 당진나들목에서 국도32호선을 타고 탑동교차로로 향한다. 우회전 615번 지방도로를 타고 대호방조제, 국도38호선을 따라 서산 방향으로 향한다. 화곡교차로에서 우회전 29번 지방도로 끝까지 가면 된다.

황금산

우리 여행사 회원 중에 예쁜 아이를 둔 분이 있다. 그분은 약간의 장애가 있는 아들인 수제와 둘이 살고 있다. 수제는 지적 수준이 조금 낮을 뿐 다른 아이들과 다를 것이 없으며 눈이 참 맑은 아이다. 몇 해를 줄곧 보고 있는데 아이는 변함없이 순수하고 예뻤다. 교사인 그분은 매주 수제를 데리고 우리와 함께 여행을 떠나기도 했고 그렇지 않은 날에는 단둘만의 여행을 떠나기도 한단다. 특히 서해안에는 안 가본 곳이 없을 정도로 거의 매주 혹은 한 주에 몇 번씩 다녀온다고 했다. 찌든 도시에서는 느낄 수 없는 맑은 공기와 자연을 보여주고, 그 대자연 속을 걸으며 아이에게 힐링을 선물해주고 싶은 것 같았다.

어느 날 그에게서 황금산이라고 들어본 적이 있느냐는 연락이 왔다. 들어본 적 없었고, 어떤 곳이냐고 되물었다. 서해의 뻘로 인해 탁하지 않은, 에메랄드빛 바다가 있다며 사진을 보내왔다. 난 그 사진을 보고 다시 그에게 전화를 했다. "여기 서해 맞아요? 진짜 맞아요?" 이 물음만 반복했다. 나와 아버지는 당장 그곳으로 갔다.

황금산은 정말 작은 산이었다. 오르막으로 10여 분만 올라가면 정상에 도착할 정도의 산이었다. 황금산을 넘어 바닷가 쪽으로 내려갔고 입은 저절로 벌어졌다. 서해에 어떻게 이런 곳이 있을 수 있는지, 육지가 아니라 섬 같다는 생각이 더 들었다. 걷는데 힘들지도 않았다. 반전의 매력을 가진 바닷가였다.

독곶리

독곶리의 지형은 가로림만을 향해 돌출되어 있는 반도의 형태로, 외따로이 바다 쪽으로 튀어나온 모양새가 외롭다 하여 얻은 이름이다. 독곶리의 독은 돌의 다른 이름으로, 주변이 돌이나 바위, 자갈 등으로 형성되어

있어 얻은 이름이라고 한다.

우리는 마치 바닷물을 먹고 있는 듯한 바위를 코끼리바위라고 칭했다. 울릉도에도 공암이라고 있는데 울릉도의 것은 부드러운 코끼리의 형태고, 이곳의 코끼리는 그보다 수천 년 전의 날카로운 공룡에 가까운 코끼리의 모습을 하고 있었다. 그 뒤에는 두더지의 형태를 하고 있는 바위가 있었다. 내가 이름을 지었다. 산자락은 제주도의 주상절리 같은 곳이다.

가리비

가로림만 독곶리는 자연산 가리비가 유명하다. 자연산 가리비는 껍데기가 지저분하고 구이로 먹을 때 조개가 벌어지면 그 안에 작은 게가 공생하는 특징이 있다.

우리 버스 기사님은 이곳으로 손님을 하도 모시고 가다보니 가리비 굽는 데에 전문이 되어버렸다. 조금 벌어졌을 때 한 방향으로 돌려서 딴 다음에 좀 구워서 먹으면 맛있다며, 모든 테이블을 돌아다니며 비법을 전수하신다. 나중에 가리비 식당을 차리면 딱일 정도로 전문가가 다 되셨다. 한번은 어느 기업 단체와 함께 간 적이 있었는데 독곶리의 모든 가리비를 먹어치워버린 바람에 그다음 주말까지 문을 닫았다고 했다.

경기도

50

풍도

주소
경기도 안산시 풍도동

연락처
032-833-1208(기동이네 민박)
032-831-7634(하나네 민박)
032-831-7637(풍도민박)
032-831-3727(풍어민박)
032-831-0596(풍도랜드)

➔ 풍도는 '꽃의 섬'이라 불릴 정도로 수많은 꽃들이 핀다. 많은 종류의 꽃이 피는 것은 아니지만 말 그대로 꽃밭이다. 발 디딜 틈도 없는 꽃밭. 특히 이른봄 3월이 제철이다. 눈 속을 뚫고 먼저 나오는 꽃은 복수초, 변산바람꽃, 노루귀 등이다. 홀아비바람꽃 등도 양지바른 언덕에 많이 자란다. 안산의 유일한 섬이며, 섬 전체가 꽃의 낙원으로 변하는 신비를 경험하고 싶은 자들에게 추천한다.

추천 일정

1일	
09:00	인천 연안부두 대합실 도착, 승선 수속
09:30	인천 연안부두 출항
11:30	풍도 도착, 숙소 예약, 점심식사
12:30	풍도 트레킹, 복수초, 노루귀꽃, 꿩의 다리
16:30	몽돌 해변 산책, 일몰
18:00	저녁식사
2일	
06:30	풍도 일출, 해변 산책, 아침식사
11:00	풍도 여행 마감 후 부두 모임
11:30	풍도 출항
13:30	인천 연안부두 도착

가는 길

인천 연안부두에서 배를 타고 2시간 들어가야 한다.

복수초

복수초는 복과 장수를 뜻한다. 성격이 너무 급해서 잎이 다 자라기도 전에 꽃을 피운다. 소복이 쌓인 눈을 자신의 열로 녹이고 하늘을 본다. 전국 각지에 분포하고 있지만 그리 보기 쉬운 꽃은 아니다. 빠른 곳은 2월, 느린 곳은 5월까지 피어 있기도 한다. 이곳의 땅은 복수초가 메우고 있다. 그야말로 군락이다.

노루귀

복수초 군락을 보고 나서 5분도 채 걷지 않고서 노루귀 군락을 마주할 수 있다. 말이 안 나오게 넋을 잃을 정도의 군락이다. 보라색과 흰색의 앙증맞은 노루귀, 아기 솜털 같은 순결한 털들이 줄기를 덮고 있으며, 입김만 불어도 꺾여버릴 것 같이 아주 작다. 노루귀는 어린 노루의 귀를 닮았다 하여 붙여진 이름이다. 3월과 4월에 낙엽수림 아래서 피어난다. 이토록 귀엽고 앙증맞은 노루귀도 그리 쉽게 보지 못하는 꽃이다.

변산바람꽃

노루귀 군락을 지나면 철조망 사이로 눈이 쌓여 있는 듯한 땅이 보인다. 눈은 아니었고 군락이라 말하기 섭섭할 정도로 온 지천이 변산바람꽃이다. 땅이 보이지 않을 정도로 빼곡히 자란 변산바람꽃이 바람에 흩날리고 있다. 그곳을 꽃들의 집합 장소라 말할 수 있을 것 같다.

왕경호

배편이 여의치 않으니 숙박을 생각해야 한다. 인천 연안부두에서 하루에 한 번 아침 9시 30분에 출발하는 제3왕경호가 있다. 통통배보다 조금 큰 배다. 좌석은 없고 그냥 쪼그려 앉아서 가야 한다. 배를 2시간 타야 풍도에 도착할 수 있다. 육지로 나가는 교통수단은 아마 이 배뿐이다. 지도상으론 안산에서 가까운 섬이지만 알고 보면 가는 길이 험난한 섬이다. 그러나 뱃사람들 만나는 재미, 풍도 사람들 만나는 재미가 분명히 있을 것으로 예상되니 그 정도의 수고는 각오해도 좋다.

주의사항

풍도에서는 쓰레기봉투를 하나씩 주고 관리비를 1,000원씩 받는다. 야생화가 가득한 환경을 보존하고 관리하는 것은 모두의 몫인데 풍도가 유명해질수록 관광객들의 등쌀에 야생화가 몸살을 앓는지도 모르겠다. 사진을 찍겠다고 다양한 시도를 취하다가 꽃을 망가뜨리기 쉬우니 모두 조심해야 한다. 또한 아쉽게도 풍도에는 식당이 없으니 민박집에서 끼니를 해결하는 것이 좋다. 1평 조금 넘는 가게가 하나 있지만 주인이 항상 자리를 지키고 있는 것도 아니다.

51

국화도

주소
경기도 화성시 우정읍
국화리

⊙ 장고항에서 작은 배를 타고 들어가야 도달할 수 있다. 국화도는 일출과 일몰을 동시에 볼 수 있는 서해안의 유일한 섬이다. 그리고 짧지만 모세에 기적인 바닷길이 열려 다른 섬인 토끼섬으로 넘어갈 수 있다.

가는 길

서해고속도로 송악나들목에서 국도77호선을 타고 서산 방향으로 향한다. 석문방조제를 지나면 장고항 선착장에 도착한다.

국화도

서해에서 일출이 가능한 왜목마을 뒤에 있는 국화도라는 섬이 궁금했다. 이 섬이라면 일출을 볼 수 있을 거라 생각했다. 전화를 걸어 확인해보았고 일출을 볼 수 있다는 희소식을 듣고 섬에 들어가려 했다. 그때는 장고항에 와서 전화를 하면 섬의 주민이 배를 몰고 나온다고 했다. 약속을 정하고 장고항에서 배를 기다렸다. 주인이 작은 배를 몰고 나왔다. 20여 분 배를 타고 기대했던 국화도에 도착할 수 있었다.

서해에 아름다운 꽃처럼 피어난 섬이라는 뜻과, 이곳에서 많이 채취되고 있는 조가비가 국화꽃을 닮았다고 해서 이 섬은 국화도라 불려왔다. 화성시 서신면 궁평항에서 배로 40분, 당진 장고항에서 배로 20분 거리에 위치하며 국화도 선착장을 지나 민박집이 있는 곳을 향해 걸어가다보면 어딘가 낯익은 단층 건물 하나가 눈에 들어온다. 교실이 두 개뿐인 국화분교인데, 지금은 폐교되었다.

허름한 민박집들이 있었으나 단체 관광객을 받아본 경험은 거의 없어보였다. 식당도 거의 없다. 민박집에서 해주는 식사를 해야 한다. 일출을 본 후에는 물때가 맞으면 토끼섬으로 건너갈 수 있다. 한 400m쯤 된다.

장고항이나 왜목마을에서 바라보면 국화도와 토끼섬은 형제처럼 나란히 떠 있다. 500m쯤 되는 국화도와 토끼섬 사이에는 썰물 때에 갯바위와 모래밭이 드러나 걸어서 건너갈 수 있다. 이 바닷길 주변에는 고동을 비롯한 각종 조개가 지천으로 깔려 있어 누구든지 호미와 망태기를 하나 들고 나서면 한 시간 만에 가득 채워올 수 있다. 국화도 선착장 마을에서 야트막한 언덕을 넘어서면 전혀 다른 풍경이 나타난다. 바위투성이인 동쪽 해안과는 달리, 조개껍데기와 모래가 적당히 어우러진 천혜의 해수욕장이 활처럼 동그랗게 펼쳐져 길게 이어진다. 해수욕장은 경사가 심하지

않아서 안전하게 물놀이를 즐길 수 있으며, 모래와 자잘한 자갈이 섞여 있는 것이 특징이다. 또한 서해 같지 않게 물이 매우 맑다.

이 해수욕장의 서쪽에는 매박섬이 있다. 이곳도 토끼섬과 마찬가지로, 썰물 때에는 바닷길을 통해 걸어갈 수 있다. 국화도해수욕장의 동쪽 끝은 바위지대이고, 부근의 산자락엔 소나무가 자라고 있어서 운치를 더한다.

북향한해수욕장 앞에 서면 바다 건너편에 무인도인 입화도와 풍도 사람들의 바지락 채취지인 도리도가 보인다. 이처럼 해수욕은 물론 어선도 타보고 갯벌 체험도 즐길 수 있는 곳이다.

근처의 즐길 것
왜곡마을
성구미포구
도비도

어느 날, 섬 이장님에게 전화가 왔다. 기가 막힌 여행 상품이 있다며 흥분했다. 물이 빠지면서 바다 한가운데 땅이 드러나는 곳이 있는데, 그곳까지 배를 타고 들어가 기다리면서 갯벌 체험을 할 수 있다는 것이었다. 그리고 물이 들어오면 배를 타고 나온다고. 정말 대단한 체험이라고 생각해서 답사를 가려는 찰나에, 다시 물이 들어올 때까지 바다 한가운데 땅 위에서 얼마나 기다려야 하냐고 물었다. 다섯 시간에서 여섯 시간이란다. 그동안 뭘 할 수 있는지 물으니 이장님도 아무 말씀을 못하시고 가만히 계셨다. 한바탕 큰 웃음으로 얘기는 끝이 났으나 갯벌 체험을 위해서 긴 기다림 정도는 경험해보아도 좋겠다고 여기는 자들에겐 추천해본다.

어느 날은 손님들과 함께 민박집에서 하룻밤을 묵고 있었는데 한 남자가 새벽에 너무 아프다며 당장 이 섬을 나가야겠다고 했다. 저녁을 먹고 아내와 방 안에서 큰 싸움을 벌이더니 체한 것이었다. 민박집 주인에게 배를 몰아 섬을 나갈 수 있겠냐고 물었으나 불법이라서 안 된다고 했다. 남자는 아침까지 버티지 못할 것 같다고 했고, 환자의 가족과 민박집 주인은 실랑이를 벌였다. 그러는 사이에 환자가 119에 신고를 했고 119 배가 국화도로 건너와 환자를 태워 섬을 나갔다. 섬에서 밤에 나가려면 119에 신고를 하면 된다는 사실을 민박집 아저씨도 그날 처음 알았다고 한다.

©안성식

할아버지께서는 아버지에게 의사가 되라고 하셨다. 하나뿐인 아들인지라 애지중지 키웠지만 아버지는 사고뭉치였고 친구들과 자전거를 빌려 강원도 동해에서 경주까지 무전여행을 떠나는 등 하라는 공부는 안 하고 역마살이 끼어 무작정 어딘가로 매번 떠났다고 한다. 서울에 올라와 의대 입시를 준비하라고 했지만 아버지는 산에만 다녔고 결국 삼수를 하여 경영학과에 입학하셨다.

대학 다닐 때에 하숙집 아주머니가 아버지를 간첩으로 오인하고 신고를 한 적도 있었다고 한다. 이유인즉, 군화만 신고 다니는 삐쩍 마르고 까만 청년이 책이라고는 가지고 있는 게 없고 자일과 지도만 가지고 돌아다녔기 때문이었다. 얼핏 들으면 이북 사투리 같기도 한 강원도 동해 말이 한몫한 것 같기도 하다.

교통편도 좋지 않던 시절에는 강원도 원주 신림의 감악산에 답사를 갔다가 마을 할머니 집에서 백숙을 주문하고 앉아 있던 적이 있다고 한다. 지도를 펴고 이곳저곳 살피고 있었는데 순경들이 총을 들고 와서 민증을 보여달라고 하더란다. 왜 그러냐고 물으니 간첩 신고가 들어와서 찾아온 것이라 했고, 누가 신고한 것이냐고 물으니 그 집 할머니가 신고했다고 하더란다. 아버지는 할머니에게 잘하신 거라고, 의심이 되는 사람이 보이면 신고부터 하는 게 맞다며 우스갯말을 했지만 할머니는 미안했는지 백숙값을 받지 않으셨다고 했다. 그 당시 산골에서 그런 차림을 하고 지도를 펼쳐 사람들과 의논하고 있었으니 누구라도 간첩이라 생각할 만했겠다.

아버지가 인연을 만난 것도 다른 곳이 아니었다. 산을 좋아하는 친구들과 암벽을 타는 모임을 만들었고 암벽만을 위해 하루하루를 살던 시절, 인수봉 절벽에서 어머니를 돕다가 같이 떨어진 인연으로 결혼까지 하셨다. 사실 어머니는 평발이고 걷는 것도 좋아하지 않는데 친구의 권유로 모임에 처음 나간 날 벌어진 일이었다고 한다. 여행쟁이인 아버지의 운명이라고 생각하니, 운명이 어디 다른 곳에 있는 게 아니라는 생각을 하게된다.

이 책은 내가 집필하는 것이 아니라 아버지가 해야 맞았다. 우리나라 국내여행지를 사람들에게 수없이 많이 알리셨고, 그곳들에 애정도 깊으며 아는 것도 많으시다. 아름다운 곳곳을 대대손손 보여주고 싶어하는 아버지가 책을 내셔야 맞지만 아버지가 가장 좋아하는 여행 다니는 시간을 빼앗고 싶지 않아 내가 일을 조금 거들었을 뿐이다. 지금도 손수 운전대를 잡고 답사를 가고, 주말에는 직접 손님들에게 가이드를 하며 방방곡곡을 다니시는 아버지는 우리나라 최고의 진정한 여행쟁이다.
부끄럽지만 아버지의 단정한 책상에 이 한 권의 책을 올려드릴 수 있으니 그것만으로도 참 벅차고 고맙다.

주말에는
아무데나
가야겠다

1판 1쇄 발행	2015년 3월 25일	
1판 3쇄 발행	2015년 7월 17일	
2판 1쇄 발행	2017년 11월 1일	
2판 6쇄 발행	2024년 9월 20일	

글·사진 이원근

책임편집 변규미
편집 이희숙 이희연 오예림
표지 디자인 신선아
본문 디자인 최정윤
제작 강신은 김동욱 이순호
마케팅 김도윤 김예은
브랜딩 함유지 함근아 김희숙 정승민
　　　　　 이송이 박민재 조다현 박다솔 배진성

펴낸이 이병률
펴낸곳 달
브랜드 벨라루나

출판등록 2009년 5월 26일 제406-2009-000034호
주소 10881 경기도 파주시 회동길 455-3
✉ dal@munhak.com
🐦ⓕⓖ📷 dalpublishers
전화번호 031-8071-8683(편집)　031-8071-8681(마케팅)
팩스 031-8071-8672
ISBN 979-11-5816-066-1 03980